Bernd Söllner

DIE VOR-ORT-ENERGIEBERATUNG

Diesen Titel zusätzlich als **E-Book** erwerben und **60 %** sparen!

Als Käufer dieses Buchs haben Sie Anspruch auf ein besonderes Angebot. Sie können zusätzlich zum gedruckten Werk das E-Book zu 40 % des Normalpreises erwerben.

Zusatznutzen:
- Vollständige Durchsuchbarkeit des Inhalts zur schnellen Recherche.
- Mit Lesezeichen und Links direkt zur gewünschten Information.
- Im PDF-Format überall einsetzbar.

Laden Sie jetzt Ihr persönliches E-Book herunter:
- **www.vde-verlag.de/ebook** aufrufen.
- **Persönlichen, nur einmal verwendbaren E-Book-Code** eingeben:

524556BX1B6UIADX

- E-Book zum Warenkorb hinzufügen und zum Vorzugspreis bestellen.

Hinweis: Der E-Book-Code wurde für Sie individuell erzeugt und darf nicht an Dritte weitergegeben werden. Mit Zurückziehung des Buchs wird auch der damit verbundene E-Book-Code ungültig.

Das Gebäude

Die Fachbuchreihe zu den Themen
• Baurechtpraxis und Baumanagement
• Bautechnik
• Energieeffizientes Bauen
• Energiesystemtechnik
• Gebäudetechnik, TGA und Facility Management
• Klima- und Lüftungstechnik
• Sicherheitstechnik

BERND SÖLLNER

DIE VOR-ORT-ENERGIE-BERATUNG

Schritt für Schritt zum Gutachten

4., überarbeitete und erweiterte Auflage

VDE VERLAG GMBH

ICS 03.080.30; 91.120.10; 91.140.01

Bibliografische Information der Deutschen Nationalbibliothek
Die Deutsche Nationalbibliothek verzeichnet diese Publikation in der Deutschen Nationalbibliografie; detaillierte bibliografische Daten sind im Internet über http://dnb.dnb.de abrufbar.

ISBN 978-3-8007-4556-2 (Buch)
ISBN 978-3-8007-4557-9 (E-Book)

© 2019   VDE VERLAG GMBH · Berlin · Offenbach
         Bismarckstr. 33, 10625 Berlin

Coverabbildung: Michael Jäger, Düsseldorf 2015 - lorhem, © mitifoto – Fotolia

Satz: DREI-SATZ GbR, Husby
Druck: Medienhaus Plump GmbH, Rheinbreitbach
Printed in Germany
                                                    2019-08

Vorwort

Die zunehmende Erderwärmung mit all ihren Folgen sowie die sich abzeichnende Verknappung fossiler Energieträger machen ein schnelles Handeln aller Beteiligten notwendig, wenn das Ziel, die Erderwärmung auf 2 °C zu begrenzen, noch erreicht werden soll. Neben politischen Vorgaben und Anreizen für Neubauten, Industrie und Verkehr ist es notwendig, das große Einsparpotenzial des Gebäudebestands zu erschließen. Um allen Aspekten einer energetischen Ertüchtigung von Gebäuden gerecht zu werden, ist eine Energieberatung erforderlich. Diese zeigt neben den technischen Möglichkeiten auch das energetische Einsparungspotenzial, die Emissionsminderung und sowohl Investitionskosten der Sanierung als auch die Energiekosteneinsparung. Daraus lässt sich ersehen, dass die meisten Maßnahmen nicht nur ökologisch sinnvoll sind, sondern auch den Geldbeutel entlasten und eine rentable Geldanlage darstellen. Wie so eine Energieberatung aussehen kann und was sie leistet, soll in diesem Buch aufgezeigt werden.

Das Buch soll Mut machen, energetische Sanierungen anzugehen und sich mit einem Energiegutachten unabhängig beraten zu lassen.

Wendlingen, im Juli 2019   *Bernd Söllner*

Inhaltsverzeichnis

Vorwort 5

1   Einleitung.. 11

     1.1   Gebäude- und Energieausweis.. 11

     1.1.1   Der verbrauchsorientierte Energieausweis.................. 11

     1.1.2   Der bedarfsorientierte Energieausweis........................ 11

     1.2   Energiecheck... 15

     1.3   EnergieSparCheck.. 15

2   Rahmenbedingungen und Vorgaben für die BAFA-Beratung.................... 17

     2.1   Wer oder was kann gefördert werden?......................... 17

     2.2   Wie hoch ist der Zuschuss?... 19

     2.3   Verfahren.. 19

3   Der Ortstermin 21

     3.1   Ablauf vom ersten Kontakt bis zum Energiebericht 21

     3.2   Informationsbeschaffung in der Vorbereitungsphase 21

     3.3   Aufgaben des Energieberaters....................................... 22

     3.3.1   Informationsgewinnung beim Ortstermin 22

4   Berechnung 25

     4.1   Rechenverfahren.. 25

     4.1.1   Verwendung von Rechenprogrammen 25

     4.2   Ist-Energiebilanz... 25

     4.2.1   U-Werte 26

     4.2.2   Gebäudedaten 27

     4.2.3   Daten der Heizung, Trinkwasserbereitung und Lüftung 29

     4.2.4   Ergebnisbereinigung 33

     4.3   Berechnung von Sanierungsmaßnahmen 33

     4.3.1   Heizkesselsanierung 34

     4.3.2   Solarthermieanlage 34

     4.3.3   Photovoltaikanlage 34

     4.3.4   Blockheizkraftwerk.. 35

     4.4   KfW-Effizienzhaus 35

5	Beispiel einer Vor-Ort-Energieberatung	37
5.1	Pläne	39
5.2	Datenaufnahme	43
5.3	Berechnung	44
5.3.1	Ist-Energiebilanz	44
5.3.2	Maßnahmen	50
5.3.3	Vergleich der Maßnahmenpakete	50
5.4	Ergebnis	51
5.5	Grafischer Variantenvergleich	52
5.6	Maßnahmenkombinationen / Ergebnisse	53
6	Wirtschaftlichkeitsberechnung	55
6.1	Allgemeines	55
6.2	Detaillierte Wirtschaftlichkeitsberechnung	55
6.2.1	Zins	55
6.2.2	Preissteigerung	55
6.2.3	Wartung und Instandsetzung	55
6.2.4	Bewertung der Altanlage	56
6.3	Diagramm zur Wirtschaftlichkeitsberechnung	56
7	Umweltbilanzierung	57
7.1	Allgemeine Umweltbilanzierung	57
7.2	Bisherige Ziele zur Minderung der CO_2-Emissionen	58
7.3	Gebäudeemission	59
7.3.1	CO_2-Emissionen	60
7.4	Diagramm zur Umweltbilanzierung des Beispielgebäudes	61
8	Berichterstellung	63
8.1	Mindestanforderungen an eine Vor-Ort-Beratung	63
8.1.1	Daten zum Ist-Zustand von Gebäude und Heizung	63
8.1.2	Vorschläge für Energiesparmaßnahmen	65
8.1.3	Zusammenfassende Darstellungen	66
8.1.4	Persönliches Beratungsgespräch (Abschlussgespräch)	66
8.2	Individueller Sanierungsfahrplan	67
8.2.1	Unterstützung für Energieberater	67

8.2.2   Der iSFP in der Vor-Ort-Beratung 67

8.2.3   Bauherrendokumente 68

8.2.4   Überarbeitung des iSFP – Ausblick 69

9   Beispiel eines Sanierungsfahrplans 71

9.1   Deckblatt 71

9.2   Einleitung 72

9.3   Bestandsaufnahme 73

9.4   Beurteilung des Energiezustands 74

9.5   Individueller Nutzereinfluss 75

9.6   Hinweise zur Sanierung 76

9.7   Maßnahmen 77

9.8   Erläuterungen 78

9.9   Umsetzungshilfe 79

9.10   Maßnahmenpakete 80

9.11   Qualitätssicherung und Optimierung 82

9.12   Heizungsoptimierung 83

9.13   Kostendarstellung 84

9.14   Zusammenfassung 85

10   Förderprogramme 89

10.1   Marktanreizprogramm 89

10.2   KfW-Programme 92

10.2.1   Zuschussvariante 92

10.2.2   Kreditvariante 93

A   Gutachten 95

A.1   Allgemeine Beschreibung 95

A.1.1   Einführung 95

A.2   Bewährte Energiesparmaßnahmen 96

A.2.1   Dämmung der Außenwände 96

A.2.2   Dämmung des Dachs 96

A.2.3   Dämmung der Kellerdecke und Wände gegen Erdreich 96

A.2.4   Wärmeschutz bei Fenstern 97

A.2.5   Neuer Heizkessel bzw. Wärmeerzeuger 97

A.2.6	Aktive Nutzung der Solarenergie	98
A.3	Energiediagnose	98
A.3.1	Bemerkungen zum Energiegutachten und zur Begriffsdeutung....	98
A.4	Gebäudedaten: Ist-Zustand	100
A.4.1	Wärmetechnische Daten der Bauteile	105
A.4.2	Berechnungsgrundlage	106
A.4.3	Transmissionswärmeverluste	107
A.4.4	Emissionskennwert	107
A.4.5	Energiekennzahl Heizwärme	109
A.4.6	Jahres-Primärenergiebedarf	110
A.5	Maßnahmenliste	112
A.6	Beschreibung und Beurteilung der untersuchten Maßnahmen	112
A.6.1	Fassadendämmung	112
A.6.2	Dachdämmung	113
A.6.3	Dämmung der Kellerdecke zu unbeheizten Räumen	114
A.6.4	Dämmung des Konvektorgrabens	114
A.6.5	Senkung des Energieverbrauchs durch die Maßnahmen	115
A.7	Ergebnisse	115
A.7.1	Senkung des Transmissionsverlustes durch die Maßnahmen	115
A.7.2	Senkung des Primärenergiebedarfs durch die Maßnahmen	116
A.7.3	Senkung der CO_2-Emissionen durch die Maßnahmen	116
A.7.4	Maßnahmenkombinationen / Ergebnisse	116
A.7.5	Wirtschaftlichkeitsbetrachtung	118
A.7.6	Abgasemission	118
A.7.7	Installation einer Photovoltaikanlage auf dem Dach	118
A.8	Zusammenfassung und Empfehlungen	119
Stichwortverzeichnis		121

1   Einleitung

Energieberatung und was sich dahinter verbirgt

Energieberatung ist ein weites Feld, das vom energiesparenden Elektrogerät bis zur Beratung bei der Festlegung der Rahmenbedingungen für ein neues Baugebiet reicht.

Dieses Buch möchte sich auf den Bereich Bestandsbauten beschränken und den Schwerpunkt auf Ein-, Zwei- und Mehrfamilienhäuser legen. Es gilt weiterhin zu differenzieren, wie umfangreich und tiefgehend eine Energieberatung zum Beispiel für ein Einfamilienhaus ausfällt und was hierbei sinnvoll und für den Hausbesitzer zielführend ist.

Auf dem Energieberatungsmarkt wird eine ganze Menge von Produkten mit unterschiedlichen Namen und Begriffen angeboten. Einige sollen nachfolgend beschrieben werden.

1.1   Gebäude- und Energieausweis

Die Energieeinsparverordnung 2007 führte verpflichtend einen Energieausweis – auch Energiepass genannt – für alle Gebäude ein. Dies wurde modifiziert auch in die Energieeinsparverordnung 2014 (EnEV 2014), die am 01.05.2014 in Kraft trat, übernommen. Hierbei wird grundsätzlich zwischen zwei Ausweisen unterschieden.

1.1.1   Der verbrauchsorientierte Energieausweis

Grundlage der verbrauchsorientierten Variante ist der Energieverbrauch, den Bewohner einer Immobilie in den letzten Jahren hatten. Es sind mindestens die letzten drei Abrechnungsjahre zugrunde zu legen. Die Verbräuche müssen witterungsbereinigt angegeben werden. Das bedeutet, dass die Witterungsschwankungen über die Jahres-Gradtagszahl ausgeglichen werden. Der verbrauchsorientierte Energieausweis darf nur für Wohngebäude mit mindestens fünf Wohnungen ausgestellt werden.

1.1.2   Der bedarfsorientierte Energieausweis

Der Bedarfsausweis betrachtet die gesamte Bau- und Anlagentechnik. Aus der Qualität von Heizungs-, Warmwasser- und Lüftungsanlagen sowie dem wärmetechnischen Stand der Gebäudehülle wird der Heizwärmebedarf des Gebäudes ermittelt, unabhängig vom Verhalten der Bewohner. Der Bedarfsausweis ist somit aufwändiger zu erstellen als der Verbrauchsausweis. Vorgeschrieben ist der Bedarfsausweis nur bei Gebäuden mit weniger als fünf Wohneinheiten, die vor dem 01.10.1977 erstellt und seitdem nicht energetisch saniert wurden. Bei größeren, jüngeren Gebäuden sowie Gebäuden, die mindestens das Anforderungsniveau der Wärmeschutzverordnung von 1977 erfüllen, besteht die Wahlfreiheit zwischen beiden Ausweisarten.

ENERGIEAUSWEIS für Wohngebäude

gemäß den §§ 16 ff. der Energieeinsparverordnung (EnEV) vom [1] 18.11.2013

Gültig bis: 14.07.2024

Registriernummer [2] TH-2014-000107469

(oder: "Registriernummer wurde beantragt am ...")

①

Gebäude

Gebäudetyp	Mehrfamilienhaus	
Adresse	Seebachstr. 5a, 99867 Gotha	
Gebäudeteil	Ganzes Gebäude	
Baujahr Gebäude [3]	1899	
Baujahr Wärmeerzeuger [3, 4]	2006	Gebäudefoto (freiwillig)
Anzahl Wohnungen	5	
Gebäudenutzfläche (A_N)	532 m² ☐ nach § 19 EnEV aus der Wohnfläche ermittelt	
Wesentliche Energieträger für Heizung und Warmwasser [3]	Erdgas H	

Erneuerbare Energien	Art: keine	Verwendung: keine
Art der Lüftung/Kühlung	☑ Fensterlüftung ☐ Lüftungsanlage mit Wärmerückgewinnung ☐ Schachtlüftung ☐ Lüftungsanlage ohne Wärmerückgewinnung	☐ Anlage zur Kühlung
Anlass der Ausstellung des Energieausweises	☐ Neubau ☐ Modernisierung ☑ Vermietung/Verkauf (Änderung/Erweiterung)	☐ Sonstiges (freiwillig)

Hinweise zu den Angaben über die energetische Qualität des Gebäudes

Die energetische Qualität eines Gebäudes kann durch die Berechnung des **Energiebedarfs** unter Annahme von standardisierten Randbedingungen oder durch die Auswertung des **Energieverbrauchs** ermittelt werden. Als Bezugsfläche dient die energetische Gebäudenutzfläche nach der EnEV, die sich in der Regel von den allgemeinen Wohnflächenangaben unterscheidet. Die angegebenen Vergleichswerte sollen überschlägige Vergleiche ermöglichen (**Erläuterungen - siehe Seite 5**). Teil des Energieausweises sind die Modernisierungsempfehlungen (Seite 4).

☑ Der Energieausweis wurde auf der Grundlage von Berechnungen des **Energiebedarfs** erstellt (Energiebedarfsausweis). Die Ergebnisse werden auf **Seite 2** dargestellt. Zusätzliche Informationen zum Verbrauch sind freiwillig. (**Erläuterungen - siehe Seite 5**)

☐ Der Energieausweis wurde auf der Grundlage von Auswertungen des **Energieverbrauchs** erstellt (Energieverbrauchsausweis). Die Ergebnisse sind auf **Seite 3** dargestellt.

Datenerhebung Bedarf/Verbrauch durch   ☑ Eigentümer   ☐ Aussteller

☐ Dem Energieausweis sind zusätzliche Informationen zur energetischen Qualität beigefügt (freiwillige Angabe).

Hinweise zur Verwendung des Energieausweises

Der Energieausweis dient lediglich der Information. Die Angaben im Energieausweis beziehen sich auf das gesamte Gebäude oder den oben bezeichneten Gebäudeteil. Der Energieausweis ist lediglich dafür gedacht, einen überschlägigen Vergleich von Gebäuden zu ermöglichen.

Aussteller

SÖLLNER
INGENIEURPLANUNG

Versorgungsingenieur
Bernd Söllner
Hermann-Löns-Str. 13
73240 Wendlingen

15.07.2014

Ausstellungsdatum

Unterschrift des Ausstellers

[1] Datum der angewendeten EnEV, gegebenenfalls angewendeten Änderungsverordnung zur EnEV   [2] Bei nicht rechtzeitiger Zuteilung der Registriernummer (§ 17 Absatz 4 Satz 4 und 5 EnEV) ist das Datum der Antragstellung einzutragen; die Registriernummer ist nach deren Eingang nachträglich einzusetzen.   [3] Mehrfachangaben möglich   [4] bei Wärmenetzen Baujahr der Übergabestation

Abb. 1.1: Beispiel eines Energieausweises – Seite 1

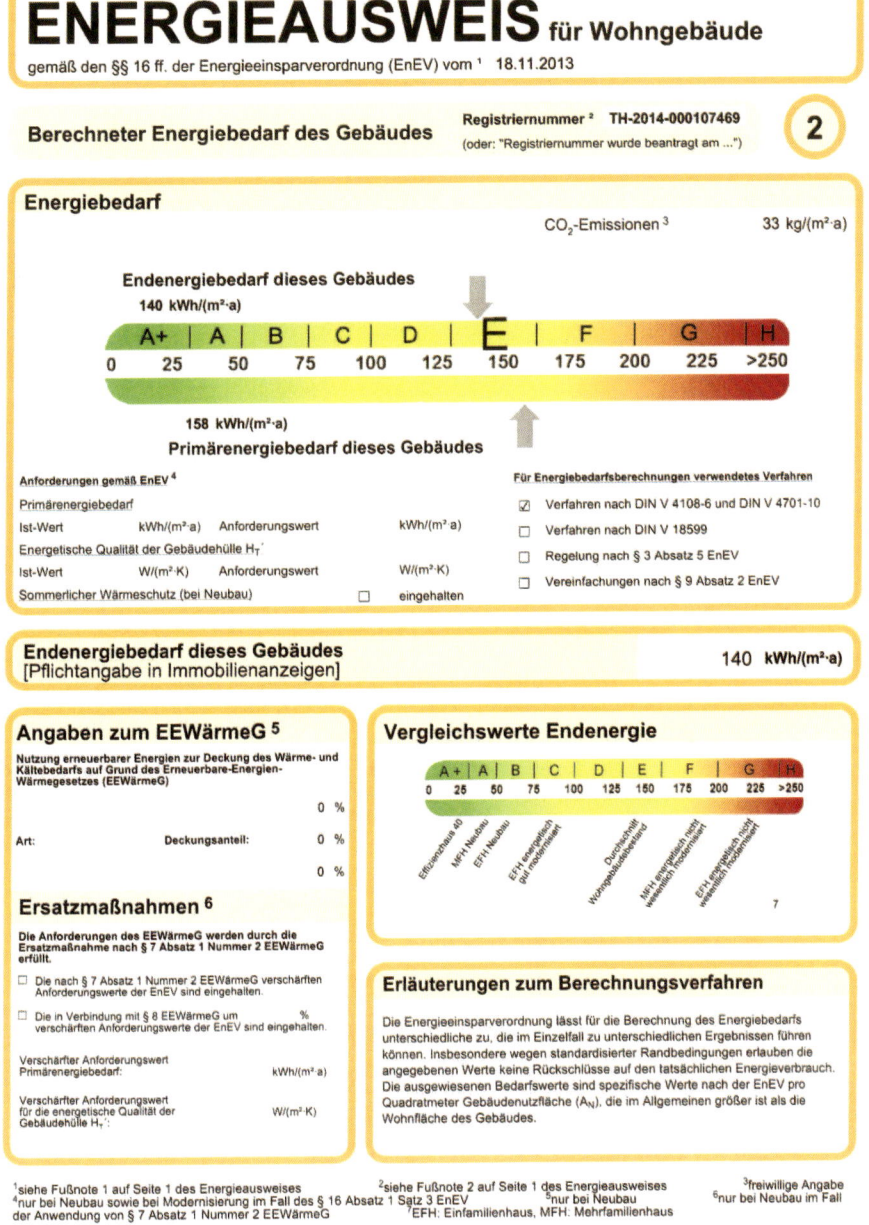

ENERGIEAUSWEIS für Wohngebäude

gemäß den §§ 16 ff. der Energieeinsparverordnung (EnEV) vom [1] 18.11.2013

Berechneter Energiebedarf des Gebäudes

Registriernummer [2]   TH-2014-000107469
(oder: "Registriernummer wurde beantragt am ...")

(2)

Energiebedarf

CO_2-Emissionen [3]   33 kg/(m²·a)

Endenergiebedarf dieses Gebäudes
140 kWh/(m²·a)

A+	A	B	C	D	E	F	G	H
0	25	50	75	100	125	150	175	200	225	>250

158 kWh/(m²·a)
Primärenergiebedarf dieses Gebäudes

Anforderungen gemäß EnEV [4]

Primärenergiebedarf
Ist-Wert   kWh/(m²·a)   Anforderungswert   kWh/(m²·a)
Energetische Qualität der Gebäudehülle H_T'
Ist-Wert   W/(m²·K)   Anforderungswert   W/(m²·K)
Sommerlicher Wärmeschutz (bei Neubau)   ☐   eingehalten

Für Energiebedarfsberechnungen verwendetes Verfahren

☑ Verfahren nach DIN V 4108-6 und DIN V 4701-10
☐ Verfahren nach DIN V 18599
☐ Regelung nach § 3 Absatz 5 EnEV
☐ Vereinfachungen nach § 9 Absatz 2 EnEV

Endenergiebedarf dieses Gebäudes
[Pflichtangabe in Immobilienanzeigen]

140 kWh/(m²·a)

Angaben zum EEWärmeG [5]

Nutzung erneuerbarer Energien zur Deckung des Wärme- und Kältebedarfs auf Grund des Erneuerbare-Energien-Wärmegesetzes (EEWärmeG)

0 %

Art: Deckungsanteil: 0 %

0 %

Ersatzmaßnahmen [6]

Die Anforderungen des EEWärmeG werden durch die Ersatzmaßnahme nach § 7 Absatz 1 Nummer 2 EEWärmeG erfüllt.

☐ Die nach § 7 Absatz 1 Nummer 2 EEWärmeG verschärften Anforderungswerte der EnEV sind eingehalten.

☐ Die in Verbindung mit § 8 EEWärmeG um   %
verschärften Anforderungswerte der EnEV sind eingehalten.

Verschärfter Anforderungswert
Primärenergiebedarf: kWh/(m²·a)

Verschärfter Anforderungswert
für die energetische Qualität der   W/(m²·K)
Gebäudehülle H_T':

Vergleichswerte Endenergie

A+	A	B	C	D	E	F	G	H
0	25	50	75	100	125	150	175	200	225	>250

EffizienzhausLis 40
MFH Neubau
EFH Neubau
EFH energetisch gut modernisiert
Durchschnitt Wohngebäudebestand
MFH energetisch nicht wesentlich modernisiert
EFH energetisch nicht wesentlich modernisiert

[7]

Erläuterungen zum Berechnungsverfahren

Die Energieeinsparverordnung lässt für die Berechnung des Energiebedarfs unterschiedliche zu, die im Einzelfall zu unterschiedlichen Ergebnissen führen können. Insbesondere wegen standardisierter Randbedingungen erlauben die angegebenen Werte keine Rückschlüsse auf den tatsächlichen Energieverbrauch. Die ausgewiesenen Bedarfswerte sind spezifische Werte nach der EnEV pro Quadratmeter Gebäudenutzfläche (A_N), die im Allgemeinen größer ist als die Wohnfläche des Gebäudes.

[1]siehe Fußnote 1 auf Seite 1 des Energieausweises   [2]siehe Fußnote 2 auf Seite 1 des Energieausweises   [3]freiwillige Angabe
[4]nur bei Neubau sowie bei Modernisierung im Fall des § 16 Absatz 1 Satz 3 EnEV   [5]nur bei Neubau   [6]nur bei Neubau im Fall
der Anwendung von § 7 Absatz 1 Nummer 2 EEWärmeG   [7]EFH: Einfamilienhaus, MFH: Mehrfamilienhaus

Abb. 1.2: Beispiel eines Energieausweises – Seite 2

ENERGIEAUSWEIS für Wohngebäude

gemäß den §§ 16 ff. der Energieeinsparverordnung (EnEV) vom [1] 18.11.2013

Empfehlungen des Ausstellers	Registriernummer [2] TH-2014-000107469 (oder: "Registriernummer wurde beantragt am ...")	4

Empfehlungen zur kostengünstigen Modernisierung

Maßnahmen zur kostengünstigen Verbesserung der Energieeffizienz sind ☑ möglich ☐ nicht möglich

Empfohlene Modernisierungsmaßnahmen

Nr.	Bau- oder Anlagenteile	Maßnahmenbeschreibung in einzelnen Schritten	empfohlen		(freiwillige Angaben)	
			in Zusammenhang mit größerer Modernisierung	als Einzel-maß-nahme	geschätzte Amortisa-tionszeit	geschätzte Kosten pro eingesparte Kilowatt-stunde Endenergie
1	Wärmeerzeuger	Pelletkessel	☐	☑		
2	Außenwand gg. Außenluft	Vollwärmeschutz an Ostseite	☐	☑		
3	Kellerdecke	Wärmedämmung	☐	☑		

☐ weitere Empfehlungen auf gesondertem Blatt

Hinweis: Modernisierungsempfehlungen für das Gebäude dienen lediglich der Information. Sie sind nur kurz gefasste Hinweise und kein Ersatz für eine Energieberatung.

Genauere Angaben zu den Empfehlungen sind erhältlich bei/unter:	http://www.bbsr-energieeinsparung.de

Ergänzende Erläuterungen zu den Angaben im Energieausweis (Angaben freiwillig)

[1]siehe Fußnote 1 auf Seite 1 des Energieausweises   [2]siehe Fußnote 2 auf Seite 1 des Energieausweises

Abb. 1.3: Beispiel eines Energieausweises – Seite 3

Bei beiden Varianten müssen Vorschläge zur energetischen Sanierung bzw. Empfehlungen zur Modernisierung enthalten sein. Die Energiepässe sind zehn Jahre gültig.

1.2 Energiecheck

Unter dem Begriff Energiecheck verbirgt sich meist ein Online-Fragebogen. Bei Beantwortung aller Fragen bekommt man über ein Benchmarking (vergleichende Analyse) ein theoretisches Energie- bzw. CO_2-Einsparpotenzial genannt. Dieser Energiecheck ist meist kostenlos (z. B. unter www.co2online.de/service/energiesparchecks) und mittlerweile gibt es ihn auch als App für das Handy. Er wird oft auch regional von Energiezentren, Agenturen, Solarvereinen usw. angeboten. Dabei werden meist bei einem Vor-Ort-Termin die sonst online abgefragten Daten erhoben. Auch Firmen und Handwerker bieten teilweise einen Energiecheck an, die ihn aber hin und wieder lediglich als Verkaufsmittel missbrauchen.

1.3 EnergieSparCheck

Hiermit wird ein Programm des Landes Baden-Württemberg bezeichnet. Der EnergieSparCheck wird von qualifizierten Energieberatern „im Handwerk" durchgeführt. Bei einem Vor-Ort-Termin überprüfen dabei die Experten die Außenhülle sowie die Heizungsanlage eines Gebäudes. Das Programm eignet sich für Wohngebäude mit bis zu acht Wohnungen. Der Kunde erhält einen Beratungsbericht mit einem Soll-Ist-Vergleich. Er enthält Angaben zur Wärmedämmung (Angaben zur Dicke sowie zur Wärmeleitgruppe) und zum geplanten Heizungstyp (z. B. Brennwertkessel). Der Arbeitsaufwand für einen Check liegt bei vier bis sieben Stunden. Hierfür können dem Eigentümer 150 Euro in Rechnung gestellt werden. Für jedes Gebäude erhält der Antragsteller einen Zuschuss vom Land in Höhe von 150 Euro. Es besteht allerdings die Gefahr, dass der Beratungsbericht je nach Handwerker einseitig ausfällt, da z. B. ein Gipser größere Kompetenzen im Bereich von Wärmedämmverbundsystemen aufweist als ein Heizungstechniker und umgekehrt. Außerdem ist die Unabhängigkeit nicht gewährleistet.

Über ähnliche Programme in anderen Bundesländern informieren die jeweiligen Verbraucherzentralen.

2 Rahmenbedingungen und Vorgaben für die BAFA-Beratung

2.1 Wer oder was kann gefördert werden?

Laut BAFA-„Richtlinie über die Förderung der Energieberatung für Wohngebäude (Vor-Ort-Beratung, individueller Sanierungsfahrplan)" vom 11.10.2017 ist eine Vor-Ort-Beratung förderfähig, die sich umfassend auf den baulichen Wärmeschutz sowie auf die Wärmeerzeugung und -verteilung unter Einschluss der Warmwasserbereitung und der Nutzung erneuerbarer Energien bezieht und die von einem zugelassenen Berater durchgeführt wird. Die Beratung erfolgt durch die Übergabe und Erläuterung eines schriftlichen Beratungsberichts.

Nicht förderfähig ist die Erstellung eines Gebäudeenergieausweises. Vor-Ort-Beratungen sind getrennt davon durchzuführen.

Gegenstand der Beratung können nur Gebäude sein, die sich im Bundesgebiet befinden. Eine weitere Voraussetzung ist, dass die Baugenehmigung vor dem 31.01.2002 erteilt worden ist und die Gebäudehülle nicht aufgrund späterer Baugenehmigungen zu mehr als 50 % verändert wurde. Mehr als die Hälfte der Gebäudefläche muss zu Wohnzwecken ständig genutzt werden.

Als Gebäudeeigentümer können eine Beratung in Anspruch nehmen:

- natürliche Personen,
- rechtlich selbstständige Unternehmen der gewerblichen Wirtschaft einschließlich der Wohnungswirtschaft sowie Betriebe des Agrarbereichs,
- juristische Personen und sonstige Einrichtungen, sofern diese gemeinnützige, mildtätige oder kirchliche Zwecke verfolgen.

Wohnungseigentümer können eine Beratung dann in Anspruch nehmen, wenn sich die Beratung auf das gesamte Gebäude erstreckt. Dabei muss sichergestellt sein, dass die erforderlichen Daten zum Gebäude und zur Heizungsanlage erhoben werden können.

Eine Beratungsförderung ist ausgeschlossen für Gebäude,

- die im Eigentum rechtlich selbstständiger Unternehmen stehen, die mehr als 250 Arbeitskräfte beschäftigen oder im letzten Geschäftsjahr vor Antragstellung einen Umsatz von 50 Mio. Euro oder eine Bilanzsumme von 43 Mio. Euro überschritten haben. War das letzte Geschäftsjahr kein volles Geschäftsjahr, so ist zur Ermittlung des Jahresumsatzes der durchschnittliche Monatsumsatz zu errechnen und mit 12 zu multiplizieren; bei Betrieben des Agrarbereichs liegt die Umsatzgrenze bei 1 Mio. Euro.
- die im Eigentum von Unternehmen stehen, die zu 25 % und mehr im Eigentum eines oder mehrerer anderer Unternehmen stehen oder selbst in dieser Höhe an anderen Unternehmen beteiligt sind, wenn die Unternehmen zusammen die obigen genannten Größenkriterien überschreiten.

- die im Eigentum von Unternehmen stehen, an denen juristische Personen des öffentlichen Rechts mit Mehrheit beteiligt sind oder die sich zu mehr als 50 % im Eigentum einer Gebietskörperschaft oder einem Eigenbetrieb einer solchen befinden.

- an denen der Berater Eigentums- oder Nutzungsrechte hat oder die sich im Eigentum von dessen Verwandten oder Verschwägerten bis zum zweiten Grade befinden.

- die in den letzten acht Jahren Gegenstand einer Beratung nach Förderrichtlinien des Bundes zur Vor-Ort-Beratung waren.

- die baugleich mit einem anderen geförderten Gebäude desselben Beratungsempfängers sind und einen vergleichbaren Standort aufweisen.

- bei denen die Beratung bereits ganz oder teilweise aus anderen öffentlichen Mitteln finanziert wird (Kumulierungsverbot).

Zuwendungsempfänger

Gewährt wird die Zuwendung Energieberatern, die von der Bewilligungsbehörde für das Förderprogramm zugelassen wurden. Zugelassene Energieberater sind u. a. in der „Energieeffizienz-Expertenliste für die Förderprogramme des Bundes" unter *www.energie-effizienz-experten.de* aufgeführt.

Die Zulassung der Bewilligungsbehörde kann aufgrund einer Selbsterklärung des Energieberaters beim Vorliegen folgender Voraussetzungen erfolgen:

- Berechtigung für die Ausstellung von Energieausweisen nach § 21 der jeweils geltenden Verordnung über energiesparenden Wärmeschutz und energiesparende Anlagentechnik bei Gebäuden (Energieeinsparverordnung – EnEV),

- Erwerb einer Zusatzqualifikation für den Wohngebäudebereich. Die Anforderungen an Inhalt und Umfang einer solchen Zusatzqualifikation bestimmt die Bewilligungsbehörde in Abstimmung mit dem BMWi; diese Anforderungen werden auf der Internetseite der Bewilligungsbehörde (www.bafa.de) veröffentlicht;

- gültige Haftpflichtversicherung, die Energieberatungsleistungen einschließt.

Auf Verlangen der Bewilligungsbehörde sind zusätzlich zu den Selbsterklärungen entsprechende Nachweise zu erbringen.

Bereits erfolgte Zulassungen durch die Bewilligungsbehörde auf Grundlage von früheren Richtlinienfassungen bleiben hiervon unberührt.

Energieberater müssen über die nötige Zuverlässigkeit verfügen. Eine ordnungsgemäße Geschäftsführung, insbesondere die Gewähr für eine richtlinienkonforme Durchführung der Beratung, wird daher vorausgesetzt.

Als Berater nicht antragsberechtigt ist, wer mit der Beratung ein wirtschaftliches Eigeninteresse an Investitionsentscheidungen des Beratenen haben kann und nicht unabhängig ist, insbesondere, wer

- für Energieversorgungsunternehmen oder in einem Unternehmen tätig ist, das Produkte herstellt, vertreibt oder Anlagen errichtet oder vermietet, die bei Energiesparinvestitionen im Heizungs- und Gebäudebereich verwendet werden sowie wer Provisionen von solchen Unternehmen fordert oder empfängt.

- in einem Unternehmen tätig ist, das Leistungen im Bereich der Gebäudesanierung anbietet.
- einen Handwerksbetrieb führt, daran beteiligt oder bei einem solchen beschäftigt ist.
- Provisionen oder geldwerte Vorteile von den vorgenannten Unternehmen fordert oder erhält.
- nicht unabhängig von Produkten, Anbietern oder Vertriebsstrukturen handelt oder den entsprechenden Eindruck erweckt.

Weiterhin müssen folgende Punkte beachtet werden:

- Die Berater müssen über die notwendige Zuverlässigkeit verfügen; das bedeutet, dass sie Tätigkeiten ausüben, die einem Sachverständigen ähnlich sind. Sie geben Entscheidungshilfen durch die sachkundige Feststellung von Tatsachen, die fachliche Beurteilung von Sachverhalten und die Übermittlung von Erfahrungsgrundsätzen.
- Planungs- und Ausschreibungsleistungen sowie die Übernahme von Bauleitungen sind im Anschluss an die Vor-Ort-Beratung zulässig.
- Der vom Berater zu fertigende schriftliche Beratungsbericht muss den Mindestanforderungen entsprechen. Die Mindestanforderungen sind vom BAFA definiert. Der Bericht ist dem Beratungsempfänger auszuhändigen.
- Bei der Aufbereitung und Auswertung der erforderlichen Daten ist ein computergestütztes Rechenprogramm zu verwenden.

2.2 Wie hoch ist der Zuschuss?

Der gewährte Zuschuss wird an den antragstellenden Berater ausgezahlt.

Der Zuschuss für eine Vor-Ort-Beratung beträgt 60 % der förderfähigen Beratungskosten, begrenzt für Ein- und Zweifamilienhäuser auf max. 800 Euro sowie auf max. 1100 Euro für Wohnhäuser mit mindestens drei Wohneinheiten.

Nimmt der Berater an einer Eigentümerversammlung teil und erläutert den Energieberatungsbericht, kann er mit max. 500 Euro bezuschusst werden.

2.3 Verfahren

Bewilligungsbehörde ist das Bundesamt für Wirtschaft und Ausfuhrkontrolle (BAFA). Dieses stellt die notwendigen Informationen zur Antragstellung im Internet unter www.bafa.de zur Verfügung.

Den Antrag auf Bewilligung der Zuwendung stellt der Energieberater, der die Beratung durchführen soll, bei der Bewilligungsbehörde. Das gesamte Förderverfahren wird über das von der Bewilligungsbehörde bereitgestellte Online-Portal abgewickelt.

Anträge sind vor Maßnahmenbeginn zu stellen. Als Maßnahmenbeginn gilt der Abschluss eines der Ausführung des Vorhabens zuzurechnenden Leistungsvertrags. Ein Vertragsabschluss ist vor Antragstellung zulässig, wenn die Wirksamkeit des Vertrags von der Förderzusage der Bewilligungsbehörde abhängig gemacht wird.

Zuwendungsbescheide werden in der Reihenfolge des Eingangs der Anträge erteilt.

Bewilligungszeitraum

Die bewilligte Energieberatung für Wohngebäude muss spätestens neun Monate nach Zugang des Zuwendungsbescheids beendet sein (Bewilligungszeitraum); für eine bewilligte zusätzliche Erläuterung des Energieberatungsberichts gegenüber Wohnungseigentümergemeinschaften oder Beiräten beträgt der Bewilligungszeitraum maximal zwei Jahre nach Zugang des Zuwendungsbescheids. In begründeten Einzelfällen kann die Bewilligungsbehörde den Bewilligungszeitraum vor dessen Ablauf auf schriftlichen Antrag verlängern.

Verwendungsnachweisverfahren, Auszahlung

Die Bewilligungsbehörde legt im Zuwendungsbescheid Art, Umfang und konkrete Inhalte der für den Verwendungsnachweis jeweils erforderlichen Unterlagen (Verwendungsnachweisunterlagen) fest und stellt die hierfür gegebenenfalls benötigten Formulare zur Verfügung. Die Auszahlung des Zuschusses erfolgt erst nach Vorlage aller Verwendungsnachweisunterlagen und deren Prüfung durch die Bewilligungsbehörde.

Dazu gehören im Einzelnen:

- Die mit dem Namen des durchführenden Beraters und dem Erstellungsdatum versehene Kopie des Beratungsberichtes einschließlich einer fotografischen Wiedergabe aller Gebäudeansichten.

- Die vom durchführenden Berater und dem Beratungsempfänger eigenhändig unterschriebene Verwendungsnachweiserklärung im Original. Diese enthält die mit Datum versehene Bestätigung des Beratungsempfängers, dass der Beratungsbericht übergeben und erläutert wurde.

- Eine vom Verwalter unterzeichnete Bestätigung der Teilnahme des Beraters an einer Eigentümerversammlung.

- Die Kopie der durch den Berater oder seinen Arbeitgeber auf den Namen des Beratungsempfängers ausgestellten Rechnung, aus der Bundeszuschuss und Eigenanteil hervorgehen müssen.

Sämtliche Verwendungsnachweisunterlagen müssen spätestens innerhalb von drei Monaten nach Ablauf des Bewilligungszeitraumes in der Bewilligungsbehörde eingegangen sein. Geschieht dies nicht, wird der Zuwendungsbescheid unwirksam und es wird kein Zuschuss gezahlt.

Entspricht ein eingereichter und zuvor dem Beratungsempfänger erläuterter Beratungsbericht nicht den Mindestanforderungen dieser Richtlinie, ist die Auszahlung des Zuschusses nicht möglich. Nachbesserungen sind ausgeschlossen.

3 Der Ortstermin

3.1 Ablauf vom ersten Kontakt bis zum Energiebericht

Bereits beim ersten Kontakt des Hausbesitzers mit dem Energieberater können viele grundsätzliche Fragestellungen geklärt werden. Dabei ist es egal, ob der erste Kontakt persönlich, telefonisch oder per E-Mail erfolgt.

Zunächst interessieren den Hausbesitzer die Leistungen, welche er im Energiebericht zu erwarten hat. Diese sollten in kurzer Form dargelegt werden. Hierzu gehört der Ortstermin, der ca. 1 bis 2 Stunden in Anspruch nimmt, wobei das Gebäude aufgenommen werden sollte. Dann erfolgt eine normierte Berechnung des Ist-Energiebedarfs. Dafür wird eine Energiebilanz erstellt, die auf dem normierten Rechenverfahren der DIN 4701-10 beruht. Nur wenn diese Energiebilanz stimmig ist, evtl. witterungsbereinigt wurde und mit dem tatsächlichen Energieverbrauch übereinstimmt, ist dies eine ausreichend genaue Basis, um weitere Aussagen über Energieeinsparungen vornehmen zu können.

Dies erfolgt in einem zweiten Schritt, wobei die Wünsche des Hausbesitzers berücksichtigt werden sollten. Die Wahl der Maßnahmen hängt vom Ziel des Auftraggebers sowie vom Wunsch bzw. den Möglichkeiten der Kapitalbeschaffung ab. Beides, die Finanzierung (Förderung, Kredit oder Eigenkapital?) und die Modernisierungsziele (Solar, Lüftung, Dämmung, neue Heizung, Anbau, Umbau usw.), sollten Sie unbedingt frühzeitig klären. So kann die Umsetzbarkeit der Maßnahmen vor Ort bereits bei der Gebäudeaufnahme geprüft werden. Wichtige Punkte sind

- Platzbedarf (Solar, Lüftung, Pelletlager),
- Sparrenhöhe, Dachüberstände und Kellerdeckenhöhen bei Dämmung,
- mögliche Leitungsführung usw.

Der Energiebericht erarbeitet die möglichen Einsparungen durch verschiedenste Sanierungsmaßnahmen. Hierbei werden insbesondere die Energie-, Kosten- und CO_2-Einsparung benannt. Weiterhin werden die Kosten der einzelnen Sanierungsmaßnahmen ermittelt und auf dieser Basis Amortisationszeiten berechnet.

Zum Schluss wird ein Sanierungsvorschlag unterbreitet, der auch in zeitlich abgestuften Maßnahmenpaketen umgesetzt werden kann. Zu beachten ist, dass mindestens ein Maßnahmenpaket ein Energieeffizienzhaus-Niveau erreicht. Also mindestens das KfW-115-Niveau. Weiterhin sind die zu erwartenden Kosten für die Energieberatung von Bedeutung und ob hier auch der Energiepass enthalten ist oder nicht.

3.2 Informationsbeschaffung in der Vorbereitungsphase

Bereits beim ersten Kontakt sollten vom Berater beim Bauherrn folgende Punkte abgefragt werden:

- Baujahr des Gebäudes
- Adresse des Bauherrn

- Adresse des Objekts

- Sollen Sanierungsmaßnahmen im Zusammenhang mit KfW-Fördermitteln umgesetzt werden?

Dies ist wichtig, da diese Fragen beim BAFA-Antrag für den Zuschuss zur Energieberatung bereits beantwortet werden müssen.

Weiterhin ist es zur Vorbereitung des Ortstermins sinnvoll, dass der Bauherr bereits Pläne zum Gebäude vorhält. Hier wären Ausführungspläne im Maßstab 1:50 wünschenswert, oftmals liegen aber lediglich die Baugesuchspläne im Maßstab 1:100 vor. Diese sind auch ausreichend, da aus ihnen die Maße des Gebäudes entnommen werden können. Weiterhin empfiehlt es sich, beim Beratungsempfänger den Energieverbrauch für Heizung (Gas, Öl, Holz oder Kohle) abzufragen, genauso wie den Stromverbrauch. Die Angaben über den Energieverbrauch sollten nach Möglichkeit für die letzten drei Jahre erfolgen. Weiterhin ist es hilfreich, wenn der Hausbesitzer Unterlagen über bereits durchgeführte Renovierungen bereitstellen kann, aus denen ersichtlich wird, welches Material eingesetzt worden ist.

3.3 Aufgaben des Energieberaters

Vor dem Ortstermin ist beim BAFA der Antrag auf Zuschuss zur Energieberatung online zu stellen. Weiterhin empfiehlt es sich, einen Beratervertrag auszuarbeiten und diesen beim Ortstermin vom Beratungsempfänger unterzeichnen zu lassen.

Das BAFA stellt ein Vertragsmuster für eine Energieberatung zur Verfügung, dessen Verwendung nicht verpflichtend ist, aber empfohlen wird.

3.3.1 Informationsgewinnung beim Ortstermin

Beim Ortstermin sind die Pläne auf Vollständigkeit und Stimmigkeit zu überprüfen. Hierbei muss auch die Bilanzgrenze definiert werden. Es ist also abzuklären, welche Räume beheizt werden und wie oft sie genutzt werden (z. B. Hobbyraum im UG, beheiztes Treppenhaus, teilweise ausgebautes DG). Aus den Plänen können meist die Maße der Außenwände, der Deckenstärken und der Dachstärke entnommen werden. Falls dies nicht der Fall ist, muss vor Ort gemessen werden. Sollten in den Plänen die Materialien nicht aufgeführt und nach Augenschein des Mauerwerks auch nicht eindeutig zu definieren sein, muss der Bauherr nach der Beschaffenheit der verwendeten Baumaterialien befragt werden.

Einen Hinweis über die verwendeten Steine kann eine Bohrung ergeben. Ist das Bohrmehl rot, lässt dies auf einen Ziegelstein schließen, bei grauem Bohrmehl handelt es sich um Bimsstein oder Beton. Auch hat der Nutzer in der Regel Erfahrungen beim Löcherbohren. Er kann sagen, ob Hohlräume in den Wänden vorhanden sind. Ist das der Fall, lässt dies auf Hohllochsteine schließen.

Fenster

Die Fenster müssen in Augenschein genommen und klassifiziert werden, um zu klären, ob es sich um Einscheibenverglasung oder um Zweischeibenverglasung mit zu öffnenden Flügeln handelt.

Es kann sich um

- eine Zweischeibenisolierverglasung,
- eine Zweischeibenisolierverglasung mit Beschichtung oder
- eine Dreischeibenverglasung

handeln. Bei neueren Scheiben stehen meist der Hersteller, der Typ und teilweise auch der U-Wert und das Herstellungsdatum auf dem Scheibenabstandsprofil abgedruckt. Der U-Wert (früher k-Wert) gibt an, wie viel Wärme durch ein Bauteil verloren geht. Je größer der Wert, umso mehr Wärme wird nach außen transportiert. Je kleiner, umso weniger. Die Einheit lautet $W/(m^2K)$ (s. Abschn. 4.2). Weiterhin ist festzustellen, ob Fenster aus Holz, Kunststoff, Aluminium, Kunststoff-Aluminium, mit oder ohne Dämmprofil vorhanden sind.

Dach

Beim Dach sind die Stärke der Dachdämmung sowie die Sparrenstärke zu ermitteln. Es ist auch zu überprüfen, ob eine Dampfsperre oder Winddichtigkeitsfolie vorhanden ist. Der Dachüberstand ist zu ermitteln, da dies Aussagen über die mögliche Außenwanddämmung erlaubt, evtl. ist der Dachüberstand dann zu verbreitern.

Decke zum Dachboden

Die Deckenstärke ist zu ermitteln und das darin verwendete Dämmmaterial.

Kellerdecke

Auch hier ist die Stärke der Decke zu messen. In den Plänen sind meist nur die Rohbaumaße enthalten, sodass aus der gemessenen Deckenstärke der Gesamtaufbau des Fertigfußbodens ermittelt werden kann. In diesem Zusammenhang sollte auch die Sturzhöhe der Kellerfenster überprüft werden. Dies stellt oftmals den begrenzenden Faktor für eine Kellerdeckendämmung dar, damit die Fenster noch geöffnet werden können. Außerdem ist der Abstand zwischen Decke und den eventuell darunter verlegten Rohren zu ermitteln, falls dazwischen eine Deckendämmung verlegt werden sollte.

Alle Materialien, die nicht vor Ort aufgenommen werden können, müssen aus Tabellen ermittelt werden. Es gibt für alle Bauteile Tabellen, aus denen hervorgeht, zu welchem Baujahr welche Materialien üblicherweise verwendet wurden beziehungsweise wann welche Mindest-U-Werte durch DIN oder Wärmeschutzverordnungen vorgeschrieben waren. Mindestwerte des Wärmedurchgangs sind in DIN 4108 enthalten. Hilfreiche Tabellen finden sich z. B. in der Arbeitshilfe zum Energieausweis, der Energiebilanztoolbox des Instituts Wohnen und Umwelt oder in den Unterlagen des Energieberater-Lehrgangs der Technischen Akademie Esslingen.

Darüber hinaus gibt es zugelassene Vereinfachungen, die in den „Regeln zur Datenaufnahme und Datenverwendung im Wohngebäudebestand" des Bundeswirtschafts- sowie Bundesumweltministeriums festgelegt sind.

4 Berechnung

4.1 Rechenverfahren

4.1.1 Verwendung von Rechenprogrammen

Die Wahl der Rechenprogramme für die Energieberatung steht dem Berater frei – auch die Software für die Erstellung eines BAFA-Berichts kann frei gewählt werden. Ein Energieberatungsprogramm muss es aber zulassen, die Nutzergewohnheiten einzugeben, den Standort des Gebäudes zu benennen und die Rechenergebnisse mit dem Verbrauch abzugleichen – kurz: viele projektbezogene Eingaben zu machen.

Für andere Zwecke (KfW-Förderung, Passivhausnachweis, EnEV-Nachweis, Energieausweise usw.) sind in der Regel feste Rechenregeln vorgeschrieben, welche zwingend verwendet werden müssen, da es sich um Nachweise handelt. Die zugehörigen Softwareprogramme bieten aber meist ebenfalls die oben genannten Eingabemöglichkeiten.

Das bedeutet für den Berater, dass für die Modernisierungsmaßnahmen ggf. mehrere parallele Berechnungen (notfalls mit verschiedenen Softwareprogrammen) durchgeführt werden müssen.

Als Grundlage des Rechenverfahrens hat sich für Wohngebäude in Deutschland die DIN 4701-10 (die auch Grundlage des EnEV-Nachweises ist) etabliert. Dazu gibt es verschiedene Softwareprogramme am Markt. Je nach Hersteller haben die Programme ihre Schwerpunkte entweder auf der bauphysikalischen oder auf der anlagentechnischen Seite. Auch ist die Bedienerfreundlichkeit sehr unterschiedlich. Bei manchen Programmen lassen sich einfache geometrische Figuren anklicken und Flächen sowie Volumen berechnen, bei anderen ist ein Fotoaufmaß möglich. Die meisten haben auch eine Textkonfiguration integriert, die es ermöglicht, den Bericht fix und fertig zu erstellen. Generell gilt, und das liegt in der Natur der Dinge, dass je einfacher und schneller sich eine Berechnung und ein Bericht erstellen lassen, desto weniger Varianten und Darstellungsformen möglich sind. Es lassen sich auch mit keinem der auf dem Markt befindlichen Programme alle Varianten an Einsparmöglichkeiten abdecken.

Darüber hinaus gibt es auf Excel basierende Freewaretools, die mit normalen Excel-Kenntnissen erweitert und angepasst werden können. Ein Beispiel hierfür ist das Energieberatungstool des IWU (Institut Wohnen und Umwelt). Herausgeber ist das IWU und die Energieagentur NRW mit Ergänzungen von K. Gagnow. Das Tool kann auf www.delta-q.de/cms/de/archiv_veroeffentlichungen/energiebilanz_beratung.html#software heruntergeladen werden. Weitere Freeware-Programme sind beispielsweise „Witterungskorrekturen und Wetterdaten" beim Institut Wohnen und Umwelt (www.iwu.de/veröffentlichungen/tools/).

4.2 Ist-Energiebilanz

Grundlage jeder verlässlichen Energieberatung ist die genaue Erstellung der Energiebilanz im Ist-Zustand. Denn nur, wenn man weiß, wo wie viel Energie verloren geht, kann die Energieeinsparung durch verschiedene Sanierungsmaßnahmen berechnet werden.

4.2.1 U-Werte

Zuerst müssen die Wärmedurchgangswerte (U-Wert) der einzelnen Bauteile der Gebäudehülle ermittelt werden. Voraussetzung ist die möglichst genaue Kenntnis der Aufbauten der Bauteile. Abb. 4.1 zeigt das Beispiel einer U-Wert-Berechnung.

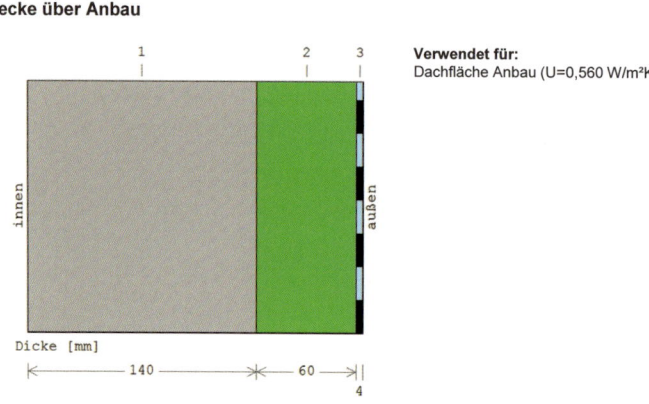

Decke über Anbau

Verwendet für:
Dachfläche Anbau (U=0,560 W/m²K)

Schicht	Material	Dicke [mm]	λ [W/mK]	μ_{min}/μ_{max}	s_d-Wert [m]	Anteil [%]
1	DIN EN ISO 10456 Beton mittl. Rohdichte 1800	140	1,150	**60** / 100	8,400	100,0
2	DIN V 4108 5.3 Extrudierter Polystyrolschaum GW 0,0385 Kategorie II	60	0,040	**80** / 250	4,800	100,0
3	DIN V 4108 7.3.1 Bitumendachbahnen (DIN 52128)	4	0,170	10000 / **80000**	320,000	100,0
	gesamt	**204**				

Fenstertypen

Kunststofffenster Baualtersklasse 1958-1968

U-Wert [W/(m²K)]	2,70
g-Wert [-]	0,85
g-Korrektur [-]	0,90
Lichttransmissionsgrad τ_{D65} [-]	0,82
U-Verglasung [W/(m²K)]	2,90
Sonderverglasung	nein
Beschreibung	Ug-Wert nach Richtlinie für Nichtwohngebäude

Abb. 4.1: U-Wert-Berechnung

Auch dafür sind verschiedene Rechenprogramme auf dem Markt erhältlich. Sinnvoll ist ein Programm, bei dem die Wärmeleitkoeffizienten der DIN 4108 hinterlegt sind, damit diese einfach per Mausklick übernommen werden können. Auch muss das Programm mittlere U-Werte berechnen können. Dies ist z. B. bei einem Sparrendach oder einer Holz-Ständerwand notwendig. Hier ergibt sich der mittlere U-Wert aus den flächenmäßigen Anteilen des U-Werts des Sparrens und dem U-Wert des Zwischenraums zwischen den Sparren.

Dach Zwischensparrendämmung

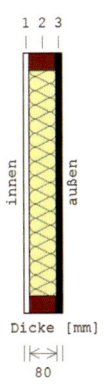

1 2 3

innen außen

Dicke [mm]
80

Verwendet für:
Dachfläche Süd (U=0,625 W/m²K)
Dachfläche Nord (U=0,625 W/m²K)

Schicht	Material	Dicke [mm]	λ [W/mK]	μ_min/μ_max	s_d-Wert [m]	Anteil [%]
1	DIN V 4108 3.4 Gipskartonplatten nach DIN 18180	12	0,250	8 / 8	0,096	100,0
2	DIN EN ISO 10456 Konstruktionsholz 700	80	0,180	50 / 200	4,000	13,3
	Mineralwolle 040	80	0,040	1 / 1	0,080	86,7
3	Unterspann	0,1	0,500	200 / 200	0,100	100,0
	gesamt	**92,1**				

Abb. 4.2: Berechnung des mittleren U-Werts

4.2.2 Gebäudedaten

Von den Gebäudedaten ist zunächst das Bilanzvolumen, d. h. das von den Wänden und Decken der beheizten Räume umschlossene Volumen zu ermitteln. Es ist immer mit Außenmaßen zu rechnen. Daraus ergibt sich die EnEV-Nutzfläche. Bei dieser Berechnung setzt man eine Geschosshöhe von angenommenen 3,2 m ein.

Achtung: Diese Fläche differiert von der tatsächlichen Nutzfläche.

Weiterhin sind die Flächen der einzelnen Bauteile zu ermitteln. Dann sind die Bauteile den einzelnen U-Werten zuzuordnen. Aus den aufsummierten Verlusten der einzelnen Bauteile ergibt sich der Transmissionswärmeverlust H_T. In diesem ist auch ein Wärmebrückenzuschlag enthalten. Dieser wird üblicherweise zwischen 0,05 und 0,1 angesetzt. Das bedeutet, dass zu den Transmissionsverlusten pauschal 5 bis 10 % dazugerechnet werden, um die konstruktiven Wärmebrücken zu berücksichtigen.

Achtung: Soll die Berechnung als Grundlage eines KfW-Kredits dienen, so ist bei Altbauten immer mit 0,1 zu rechnen. Bei einem kleineren Wärmebrückenzuschlag ist sonst eine Berechnung aller Wärmebrücken erforderlich. Liegt diese nicht vor, wird kein Zuschuss oder Kredit gewährt.

Dieser Wert wird im Energiepass eingetragen und mit dem maximal zulässigen Wert für einen vergleichbaren Neubau verglichen. Dann wird der Wert durch die Umschließungsfläche A dividiert und ergibt den spezifischen, flächenbezogenen Transmissionswärmeverlust H'_T.

Der Lüftungswärmeverlust wird aus dem Gebäudevolumen berechnet. Beim EnEV-Rechenverfahren wird hier lediglich zwischen zwei Faktoren unterschieden, nämlich mit und ohne Dichtheitsprüfung. Die Praxiserfahrung zeigt jedoch, dass es hier große Abweichungen im tatsächlichen Lüftungsverhalten der Nutzer gibt.

Für die Fenster ist neben dem U-Wert auch der Gesamtenergiedurchlassgrad zu bestimmen. Dieser sagt uns, wie viel Sonnenenergie das Fenster durchlässt. Hiermit lassen sich die solaren Wärmegewinne berechnen. Dies ist ebenfalls zu berücksichtigen.

Die inneren Wärmegewinne, resultierend aus elektrischen Verbräuchen wie Beleuchtung, Herd, Spülmaschine, Waschmaschine, Toaster oder Kaffeemaschine werden ebenfalls pauschal als Durchschnittswert erfasst und fließen zusammen mit dem solaren Gewinn in die Energiebilanz als Gutschrift ein.

Ein Beispiel einer Wärmebilanz ist in Tabelle 4.1 zu sehen. Tabelle 4.2 führt die flächenbezogenen Energiewerte auf. Das Ergebnis ist der Jahres-Heizwärmebedarf des Gebäudes Q_H bzw. Q auf die beheizte Fläche bezogen und der Primärenergiebedarf Q_p.

Wärmebilanz – Heizung und Trinkwarmwasser

Tabelle 4.1: Beispiel einer Ist-Energiebilanz

Heizung	kWh/a	
Verluste durch Transmission		28 785,2
Außenwandflächen	9433,1	
Dachflächen und oberste Geschossdecke	6151,6	
Unterer Gebäudeabschluss	3622,9	
Fenster	6108,6	
Türen	359,3	
Wärmebrücken	3109,7	
Verluste durch Lüftung		9570,1
Wärmegewinne		-10 594,4
Interne Gewinne	-6969,3	
Solare Gewinne	-3625,1	
Heizwärmebedarf Q_h		**27 760,8**
Wärmeeinträge		-94,5
durch Warmwasserbereitstellung	-94,5	
durch Lüftungsanlage (inkl. Wärmerückgewinnung)	0,0	
Verluste der Anlagentechnik		3127,5
durch Übergabe	688,6	
durch Verteilung	1287,3	
durch Speicherung	0,0	

Heizung	kWh/a
durch Erzeugung *)	1151,6
Endenergie Wärmeenergie	**30 793,8**
Hilfsenergie	524,8
Endenergie Heizung gesamt	**31 318,6**

Warmwasser		kWh/a
Wärmebedarf für Trinkwarmwasser		**2608,4**
Verluste der Anlagentechnik		1542,7
durch Verteilung	210,3	
durch Speicherung	769,1	
durch Erzeugung *)	563,3	
Endenergie Wärmeenergie		**4151,1**
Hilfsenergie		182,7
Endenergie Warmwasser gesamt		**4333,7**

*) u. U. negative Werte bei Erzeugung durch Einsatz von Solaranlagen, Wärmepumpen oder Brennwertgeräten

Tabelle 4.2: Flächenbezogene Energiewerte

	Ist–Wert
Spez. Transmissionswärmeverlust [W/(m²K)]	0,926
Spez. Heizwärmebedarf [kWh/m²a]	133,0
Anlagenaufwandszahl [-]	1,33
Spez. Primärenergiebedarf [kWh/m²a]	193,02

Die flächenbezogenen Ergebnisse beziehen sich auf die Gebäudenutzfläche A_N.

4.2.3 Daten der Heizung, Trinkwasserbereitung und Lüftung

Diese drei Bereiche werden jeweils einzeln bilanziert, wobei der Bereich Lüftung sich nur auf mechanische Lüftungsanlagen bezieht. Für den Bereich Heizung müssen entsprechend DIN 4701-10, Anhang C3, Eingaben zur

- Wärmeübergabe an den Raum,
- Verteilung der Wärme,
- Speicherung der Wärme und
- Wärmeerzeugung

gemacht werden. Parallel hierzu finden sich im Anhang auch Angaben zu der Hilfsenergie, wie Pumpenstrom und Brennerstrom.

HEIZUNG

WÄRME (WE)

	Rechenvorschrift / Quelle	Dimension			
q_h	nach Abschnitt 4.1	[kWh/m²a]		228,88	
$q_{h,TW}$	aus Berechnungsblatt Trinkwassererwärmung	[kWh/m²a]	−	6,18	
$q_{h,L}$	aus Berechnungsblatt Lüftung	[kWh/m²a]		0,00	
$q_{H,ce}$	Abschnitt 5.3.1	[kWh/m²a]		0,70	
$q_{H,d}$	Abschnitt 5.3.2	[kWh/m²a]		0,00	
$q_{H,s}$	Abschnitt 5.3.3	[kWh/m²a]		0,00	
$\overset{\cdot}{q}_H$	$(q_h - q_{h,TW} - q_{h,L} + q_{H,ce} + q_{H,d} + q_{H,s})$	[kWh/m²a]		223,40	

				Erzeuger 1	Erzeuger 2	Erzeuger 3
$\alpha_{H,g,i}$	Abschnitt 5.3.4.1	[–]		0,68	0,32	
$e_{H,g,i}$	Abschnitt 5.3.4.2	[–]		1,34	1,02	
				↓	↓	↓
$q_{H,E,i}$	$\overset{\cdot}{q}_H \times (e_{H,g,i} \times \alpha_{H,g,i})$	[kWh/m²a]		203,6	72,9	
	Energieträger:			Heizöl EL	Strom	
$f_{P,i}$	Tabelle C.4.1	[–]		1,1	2,6	

Vorgaben

Strang: Heizungsbereich 1		
	Rechenvorschrift	Dimension
q_h		228,9 kWh/m²a
A_N		84,3 m²
Q_h	$q_h \times A_N$	19.294 kWh/a

Endenergie

$q_{H,E}$	$\Sigma\ q_{H,E,i}$	276,5 kWh/m²a

Primärenergie

HILFSENERGIE (HE)

	Rechenvorschrift / Quelle	Dimension		
$q_{H,ce,HE}$	Abschnitt 5.3.1	[kWh/m²a]		0,00
$q_{H,d,HE}$	Abschnitt 5.3.2	[kWh/m²a]		0,00
$q_{H,s,HE}$	Abschnitt 5.3.3	[kWh/m²a]		0,00

				Erzeuger 1	Erzeuger 2	Erzeuger 3
$\alpha_{H,g,i}$	Abschnitt 5.3.4.1	[–]		0,68	0,32	
$q_{H,g,HE,i}$	Abschnitt 5.3.4.2	[kWh/m²a]		0,00	0,00	
$\alpha_i \times q_i$	$q_{H,g,HE,i} \times \alpha_{H,g,i}$	[kWh/m²a]		0,00	0,00	
				↘	↓	↙
$q_{H,HE,E}$	$q_{H,ce,HE} + q_{H,d,HE} + q_{H,s,HE} + \Sigma\ (\alpha_i \times q_i)$	[kWh/m²a]			0,00	
	Energieträger:				Strom	
f_P	Tabelle C.4.1	[–]			2,6	

Endenergie

$q_{H,HE,E}$		0,0 kWh/m²a

Primärenergie

Endenergie:	$Q_{H,WE,E}$	1. Heizöl EL	$\Sigma\ q_{H,WE1,E} \times A_N$	17.160 kWh/a
		2. Strom	$\Sigma\ q_{H,WE2,E} \times A_N$	6.147 kWh/a
		3.	$\Sigma\ q_{H,WE3,E} \times A_N$	0 kWh/a

Primärenergie:	$Q_{H,P}$	$(q_{H,P} + q_{H,HE,P}) \times A_N$	34.857 kWh/a

Abb. 4.3: Berechnungsblatt der Heizungsanlage

Das Gleiche ist für den Bereich Trinkwassererwärmung (Abb. 4.4) und evtl. für den Bereich mechanische Lüftung zu erstellen.

TRINKWASSERERWÄRMUNG

Vorgaben

Strang: Warmwasserbereich 1		
	Rechenvorschrift	*Dimension*
q_{tw}	aus EnEV	12,5 kWh/m²a
A_N		84,3 m²
Q_{tw}	q_{tw} x A_N	1.054 kWh/a

WÄRME (WE)

	Rechenvorschrift / Quelle	Dimension		Erzeuger 1	Erzeuger 2	Erzeuger 3
q_{tw}	aus EnEV	[kWh/m²a]	12,50			
$q_{TW,ce}$	Abschnitt 5.1.1	[kWh/m²a]	0,00			
$q_{TW,d}$	Abschnitt 5.1.2	[kWh/m²a]	4,54			
$q_{TW,s}$	Abschnitt 5.1.3	[kWh/m²a]	9,22			
$\overset{.}{q}_{TW}$	$(q_{tw} + q_{TW,ce} + q_{TW,d} + q_{TW,s})$	[kWh/m²a]	26,25			
$\alpha_{TW,g,i}$	Abschnitt 5.1.4.1	[–]		1,00		
$e_{TW,g,i}$	Abschnitt 5.1.4.2	[–]		1,00		
$q_{TW,E,i}$	$\overset{.}{q}_{TW}$ x ($e_{TW,g,i}$ x $\alpha_{TW,g,i}$)	[kWh/m²a]		26,3		
	Energieträger:		Strom			
$f_{P,i}$	Tabelle C.4.1	[–]		2,6		

Heizwärmegutschriften

$q_{h,TW,d}$	Abschnitt 5.1.2	2,04 kWh/m²a
$q_{h,TW,s}$	Abschnitt 5.1.3	4,14 kWh/m²a
$q_{h,TW}$	$q_{h,TW,d} + q_{h,TW,s}$	6,18 kWh/m²a

Endenergie

$q_{TW,E}$	$\Sigma\ q_{TW,E,i}$	26,3 kWh/m²a

Primärenergie

HILFSENERGIE (HE)

	Rechenvorschrift / Quelle	Dimension		Erzeuger 1	Erzeuger 2	Erzeuger 3
$q_{TW,ce,HE}$	Abschnitt 5.1.1	[kWh/m²a]	0,00			
$q_{TW,d,HE}$	Abschnitt 5.1.2	[kWh/m²a]	0,00			
$q_{TW,s,HE}$	Abschnitt 5.1.3	[kWh/m²a]	0,00			
$\alpha_{TW,g,i}$	Abschnitt 5.1.4.1	[–]		1,00		
$q_{TW,g,HE,i}$	Abschnitt 5.1.4.2	[kWh/m²a]		0,00		
α_i x q_i	$q_{TW,g,HE,i}$ x $\alpha_{TW,g,i}$	[kWh/m²a]		0,00		
$q_{TW,HE,E}$	$q_{TW,ce,HE} + q_{TW,d,HE} + q_{TW,s,HE} + \Sigma\ (\alpha_i$ x $q_i)$	[kWh/m²a]	0,00			
	Energieträger:		Strom			
f_P	Tabelle C.4.1	[–]	2,6			

Endenergie

$q_{TW,HE,E}$		0,0 kWh/m²a

Primärenergie

	1. Strom	$\Sigma\ q_{TW,WE1,E}$ x A_N	2.213 kWh/a
Endenergie: $Q_{TW,WE,E}$	2.	$\Sigma\ q_{TW,WE2,E}$ x A_N	0 kWh/a
	3.	$\Sigma\ q_{TW,WE3,E}$ x A_N	0 kWh/a

Primärenergie: $\mathbf{Q_{TW,P}}$	$(q_{TW,P} + q_{TW,HE,P})$ x A_N	5.754 kWh/a

Abb. 4.4: Berechnungsblatt der Trinkwassererwärmung

Die Ergebnisse der einzelnen Teilberechnungen Heizung, Trinkwasser und Lüftung werden im Blatt Anlagenbewertung zusammengefasst (Abb. 4.5) und die Anlagenaufwandszahl e_p bestimmt.

Anlagenbewertung nach DIN 4701-10
für ein Gebäude mit normalen Innentemperaturen

Bezeichnung des Gebäudes oder Gebäudeteils: EFH Brenner
Ort: Schlierbach
Gemarkung:
Straße u. Hausnr.: Steingaustr. 36
Flurstücknummer:

I. Eingaben

A_N = | 84,3 m² t_{HP} = | 185 Tage

| TRINKWASSER-ERWÄRMUNG | HEIZUNG | LÜFTUNG |

absoluter Bedarf Q_{tw} = | 1.054 kWh/a Q_h = | 19.294 kWh/a

II. Systembeschreibung

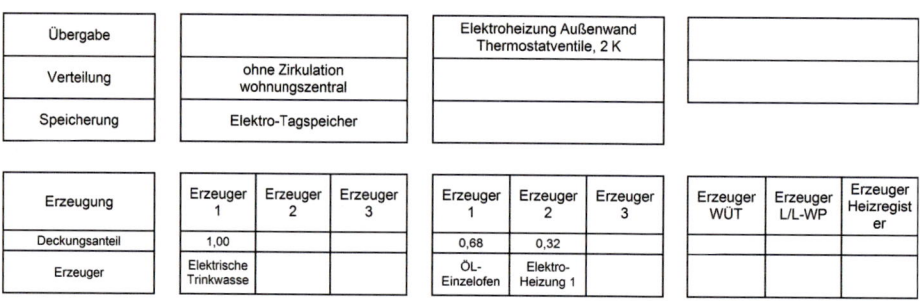

				Elektroheizung Außenwand Thermostatventile, 2 K					
Übergabe									
Verteilung	ohne Zirkulation wohnungszentral								
Speicherung	Elektro-Tagspeicher								

Erzeugung	Erzeuger 1	Erzeuger 2	Erzeuger 3	Erzeuger 1	Erzeuger 2	Erzeuger 3	Erzeuger WÜT	Erzeuger L/L-WP	Erzeuger Heizregister
Deckungsanteil	1,00			0,68	0,32				
Erzeuger	Elektrische Trinkwasse			ÖL-Einzelofen	Elektro-Heizung 1				

III. Ergebnisse

Deckung von Q_h $q_{h,TW}$ = | 6,2 kWh/m²a $q_{h,H}$ = | 222,7 kWh/m²a $q_{h,L}$ = | 0,0 kWh/m²a

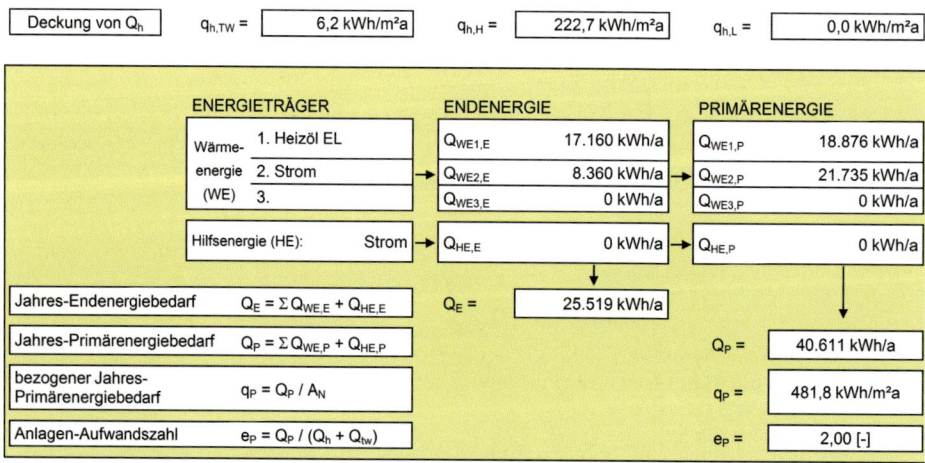

ENERGIETRÄGER		ENDENERGIE		PRIMÄRENERGIE	
Wärme-energie (WE)	1. Heizöl EL	$Q_{WE1,E}$	17.160 kWh/a	$Q_{WE1,P}$	18.876 kWh/a
	2. Strom	$Q_{WE2,E}$	8.360 kWh/a	$Q_{WE2,P}$	21.735 kWh/a
	3.	$Q_{WE3,E}$	0 kWh/a	$Q_{WE3,P}$	0 kWh/a
Hilfsenergie (HE):	Strom	$Q_{HE,E}$	0 kWh/a	$Q_{HE,P}$	0 kWh/a

Jahres-Endenergiebedarf	$Q_E = \Sigma Q_{WE,E} + Q_{HE,E}$	Q_E =	25.519 kWh/a
Jahres-Primärenergiebedarf	$Q_P = \Sigma Q_{WE,P} + Q_{HE,P}$	Q_P =	40.611 kWh/a
bezogener Jahres-Primärenergiebedarf	$q_P = Q_P / A_N$	q_P =	481,8 kWh/m²a
Anlagen-Aufwandszahl	$e_P = Q_P / (Q_h + Q_{tw})$	e_P =	2,00 [-]

Abb. 4.5: Zusammenfassung der Bewertungsblätter Heizung, Trinkwassererwärmung und Lüftung

Q_p ist die entscheidende Zahl zur Bestimmung des Jahres-Primärenergiebedarfs. Dieser besagt, wie viel Energie insgesamt benötigt wird, um den Heizwärmebedarf zu decken. Der Jahres-Primärenergiebedarf berücksichtigt alle Anlagenverluste, wie Kesselverlust, Abgasverlust, Verteilverluste, aber auch die vorgelagerte Prozesskette, wie Transport der Energie ins Gebäude und den Energieaufwand zur Erzeugung von Heizöl, Erdgas, Strom oder Pellets. Der Jahres-Primärenergiebedarf wird in den Energiepass eingetragen und mit dem maximal zulässigen Wert für einen vergleichbaren Neubau verglichen.

4.2.4   Ergebnisbereinigung

Wenn diese Werte nicht nur für den Energiepass (normiertes Rechenverfahren), sondern für ein Energiegutachten verwendet werden, müssen diese Werte mit dem tatsächlichen Verbrauch verglichen und gegebenenfalls abgeglichen werden. Sollten die berechneten Werte nicht mit dem tatsächlichen Energieverbrauch übereinstimmen, so ist zunächst der berechnete Jahres-Heizwärmebedarf dahingehend zu bereinigen, dass der Rechenwert, welcher auf dem Witterungsjahr (Messstation Würzburg) beruht, mit der Witterung verglichen wird, die in dem Zeitraum der Verbrauchsermittlung geherrscht hat, und dann gegebenenfalls angepasst wird. Hierzu verwendet man Jahres-Gradtagszahlen. Diese sind die Aufsummierung der Temperaturdifferenzen zwischen Innentemperatur 20 °C und den bestehenden Außentemperaturen über die Heizperiode. Je größer der Wert, desto kälter war das Jahr. Die langjährigen mittleren Gradzahlen sind in der VDI-Richtlinie 2067 Blatt 1 für viele Orte in ganz Deutschland wiedergegeben. Für die Berechnung gibt es auch hier Freewaretools, bei denen eine Vielzahl von Gradtagszahlen und Witterungsregionen hinterlegt ist (beispielsweise vom Institut Wohnen und Umwelt auf www.iwu.de).

Eine weitere Korrekturmöglichkeit stellt die Veränderung des Lüftungsfaktors dar. Er sollte möglichst den tatsächlichen Lüftungsgewohnheiten entsprechen. Diese sind entweder vom Nutzer abzufragen oder sie sind bei der Begehung aufgefallen. Gekippte Fenster lassen beispielsweise auf einen hohen Lüftungsfaktor schließen, Kondensat an den Fensterscheiben auf einen niedrigen Lüftungsfaktor. Meist sind aber auch nicht alle Zimmer des Gebäudes gleichmäßig oder gar nicht beheizt. In diesem Fall kommt bei der Berechnung, die von Innentemperaturen von 20 °C ausgeht, ein zu hoher Verbrauch heraus. Es empfiehlt sich dann, entweder mit einem Zonenmodell (Rechenverfahren für Nichtwohngebäude nach DIN 18599) zu rechnen oder die Gradtagszahl der realistischen mittleren Innentemperatur anzupassen.

4.3   Berechnung von Sanierungsmaßnahmen

Für die Berechnung der Sanierungsmaßnahmen können nun relativ einfach die entsprechenden Faktoren in der Ist-Energieberechnung verändert werden, um dann einen neuen Jahresenergieverbrauch zu erhalten. Die Differenz zum Energieverbrauch des unsanierten Gebäudes ist die Energieeinsparung. Soll z. B. ein Vollwärmeschutz untersucht werden, so ist zunächst der neue U-Wert der Wand mit Dämmung zu berechnen. Dann muss dieser in der Energiebilanzberechnung verändert werden, um das neue Ergebnis zu bekommen.

Ähnlich verhält es sich bei einem Kesselaustausch. Vom Kesselhersteller wird teilweise bereits die Anlagenaufwandszahl bereitgestellt. Anderenfalls ist sie hier wie bereits beschrieben neu zu berechnen. Damit bekommt man einen neuen Energie- und Primärenergieverbrauch. Die Differenz zum Energieverbrauch des unsanierten Gebäudes ist wieder die Energieeinsparung.

4.3.1 Heizkesselsanierung

Wird die Berechnung der Einsparung (z. B. durch einen neuen Kessel) nach DIN 4701-10 durchgeführt, stellt man fest, dass die Varianten und Eingabemöglichkeiten nur einem groben Raster entsprechen. So wird z. B. nicht bei allen Programmen berücksichtigt, dass bei einem Kesselaustausch der neue Kessel meist kleiner dimensioniert ist und somit einen geringeren Betriebsbereitschaftsverlust aufweist. Es kann deshalb durchaus sinnvoll sein, hier auf andere Berechnungsprogramme z. B. von Herstellerfirmen zurückzugreifen. Diesen liegt meist als Rechenbasis die VDI 2067 zugrunde. Sollte man hier das Rechenverfahren ändern, ist jedoch darauf zu achten, dass die Rahmenbedingungen gleich angesetzt werden (z. B. Ist-Energieverbrauch, Klimazone, Raumtemperatur). Die Ergebnisse sind dann genauer und die Einsparung meist höher.

4.3.2 Solarthermieanlage

Ähnliches gilt auch für die Solaranlage. Hier wird bei der Berechnung nach DIN 4701-10 nur zwischen Warmwasserbereitung und Heizungsunterstützung unterschieden. Dabei können jeweils die solaren Deckungsgrade berücksichtigt werden. Diese müssen entweder geschätzt oder eben separat berechnet werden. Auch hierfür werden von verschiedenen Herstellern kostenlos Berechnungsprogramme zur Verfügung gestellt. Ein käuflich zu erwerbendes EDV-Programm ist „T-Sol" der Firma Valentin. Dieses deckt alle Varianten ab und liefert gute Ergebnisse.

Eine detaillierte Berechnung ist sinnvoll, da die verschiedenen Hersteller unterschiedliche Konstruktionen der Bauteile anbieten (z. B. Flachdachkollektoren, Röhrenkollektoren, Bivalentspeicher, Schichtspeicher mit integriertem Wasserspeicher oder Frischwasserstation). Die Erfahrung sowie verschiedene Vergleichstests zeigen, dass es wesentlich auf die einzelnen Komponenten, deren Auslegung und das Zusammenspiel der einzelnen Teile (Kollektor, Speicher, Regelung, Warmwasserleitung) ankommt. Das sollte auch in der Berechnung seinen Niederschlag finden, um exakte und realistische hohe Einsparungen zu bekommen.

4.3.3 Photovoltaikanlage

Der energetische Ertrag und somit die zu erzielende Einspeisevergütung muss mit einem separaten Programm berechnet werden, da dies außerhalb der Rechenbilanz der DIN 4701-10 liegt. Hierfür gibt es auch wieder verschiedene Freeware-Programme, wie unter www.pv-phil.com, mit denen eine Online-Berechnung durchgeführt werden kann. Unter dem Stichwort „Photovoltaikanlage" liefert auch Google eine ganze Reihe praktikabler Rechenprogramme. Ob sich ein Batteriespeicher zur Erhöhung des Eigenverbrauchsanteils rechnet, lässt sich mit folgendem Programm abschätzen: http://pvspeicher.htw-berlin.de/unabhaengigkeitsrechner/.

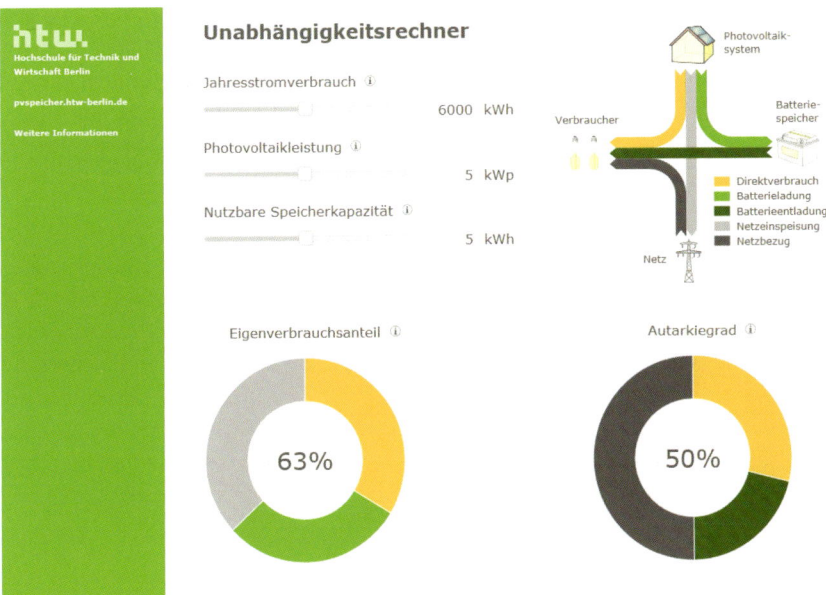

Abb. 4.6: Autarkiegrad und Eigenverbrauchsanteil je nach Größe des PV-Speichersystems lassen sich mit dem Unabhängigkeitsrechner der HTW Berlin abschätzen (Quelle: HTW Berlin)

4.3.4 Blockheizkraftwerk

Auch Werte zum Blockheizkraftwerk lassen sich nicht nach DIN 4701-10 berechnen, weil der Stromverbrauch nicht Teil der Berechnung nach EnEV für Wohngebäude ist. Es gibt käuflich zu erwerbende Software, wie „Energy-Pro" oder „BHKW-Plan". Diese sind recht genau, aber ziemlich komplex im Aufbau und den Eingabemöglichkeiten. Firmensoftware ist hier einfacher zu bedienen. Da die Berechnung aber nicht immer nachvollziehbar ist, empfiehlt es sich, die oft recht positiven Ergebnisse fachlich kritisch zu bewerten. Einfache Programme zur überschlägigen Berechnung bieten z. B. die Firmen Senertec und Ecopower.

4.4 KfW-Effizienzhaus

Das BAFA schreibt vor, dass ein Maßnahmenpaket zur Sanierung mindestens einen KfW-Effizienzhausstandard erreicht. Die niedrigste Anforderung stellt ein KfW-115-Haus dar. Das bedeutet, dass es im sanierten Zustand 115 % der Energie eines Neubaus verbrauchen darf. Das Neubauniveau wird durch das sogenannte Referenzgebäude definiert. Dies ist ein Gebäude gleicher Geometrie mit definierten U-Werten und Technik.

Diese Berechnung ist nach EnEV durchzuführen. Eine Verbrauchsbereinigung oder genauere Betrachtung von technischen Anlagen ist hier nicht möglich. Es sind also in der Regel zwei Berechnungen durchzuführen. Dies ist aber mit den Softwareprogrammen leicht zu erledigen.

5   Beispiel einer Vor-Ort-Energieberatung

Bei dem nachfolgend dargestellten Beispiel handelt es sich um ein Zweifamilienhaus.

Abb. 5.1: Nordwestansicht

Abb. 5.2: Südostseite

Abb. 5.3: Nordostansicht

Abb. 5.4: Südwestansicht

5.1   Pläne

Nicht immer sind Pläne eines Gebäudes vorhanden. Auch kommt es vor, dass nur unvollständige Unterlagen existieren. Meist sind jedoch zumindest die Baugesuchspläne zur Hand. Ausführungspläne findet man dagegen selten. Die Abbildungen 5.5 bis 5.8 zeigen Pläne des Beispielhauses.

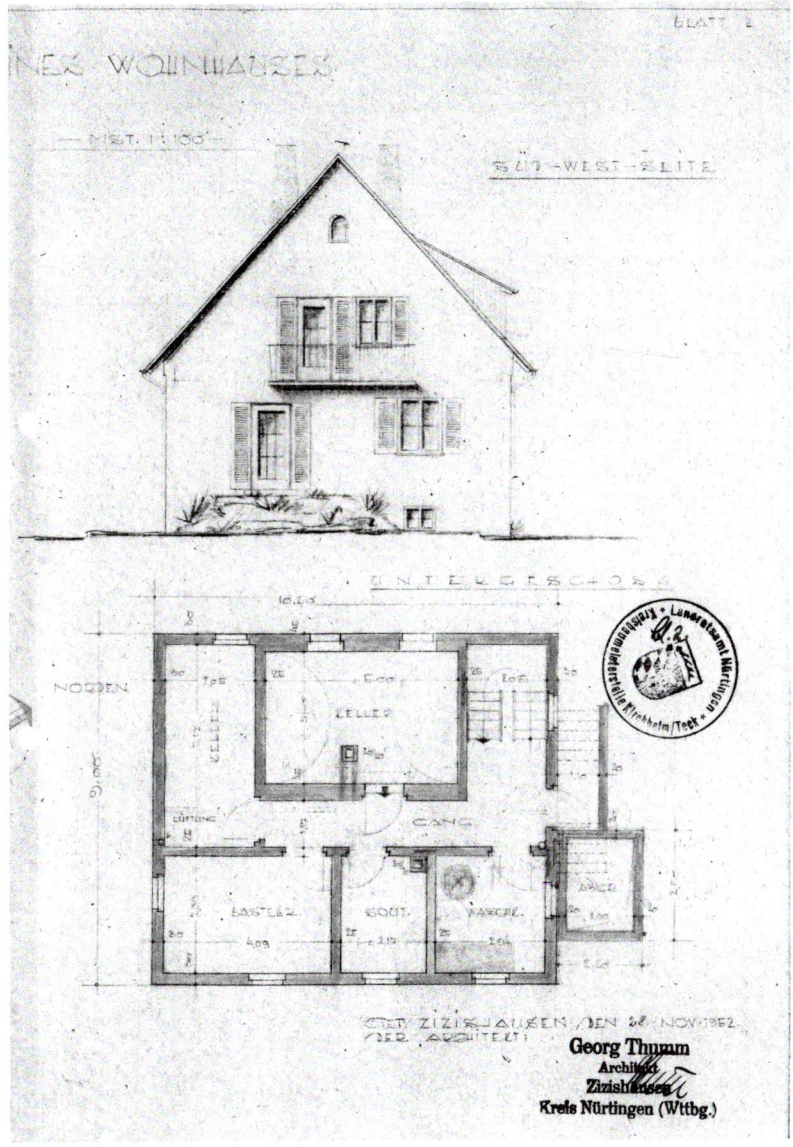

Abb. 5.5: Plan des Untergeschosses

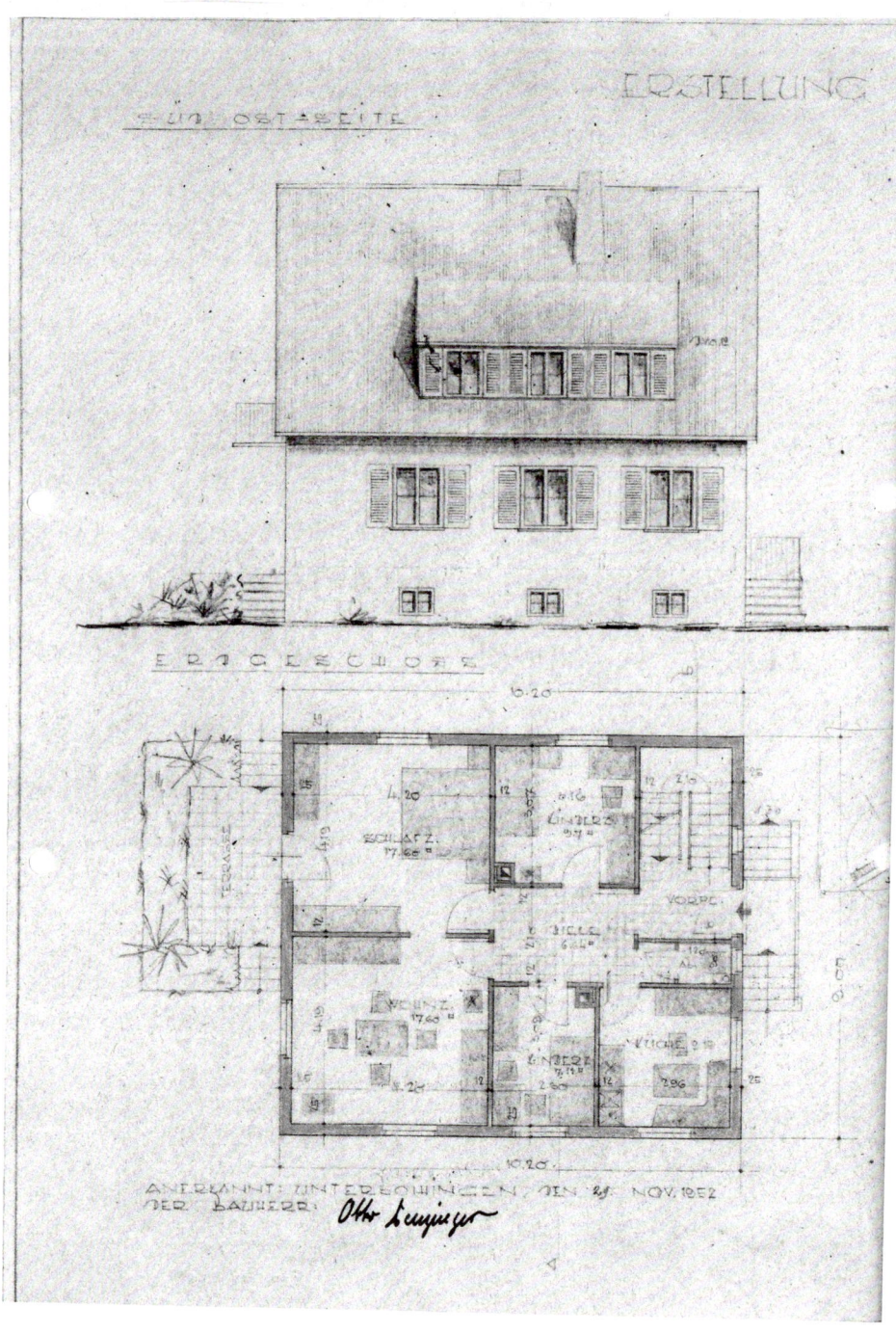

Abb. 5.6: Plan des Erdgeschosses

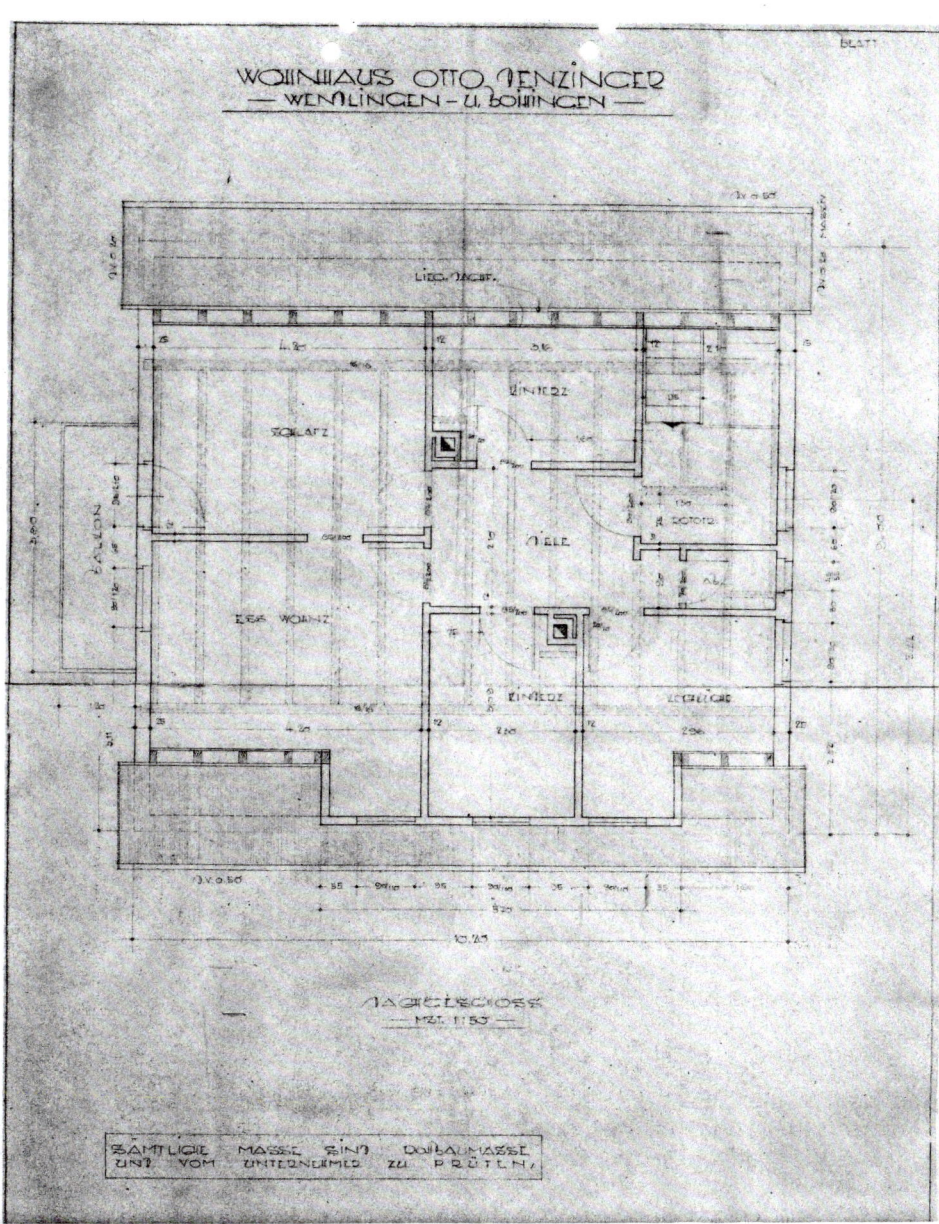

Abb. 5.7: Plan des Dachgeschosses

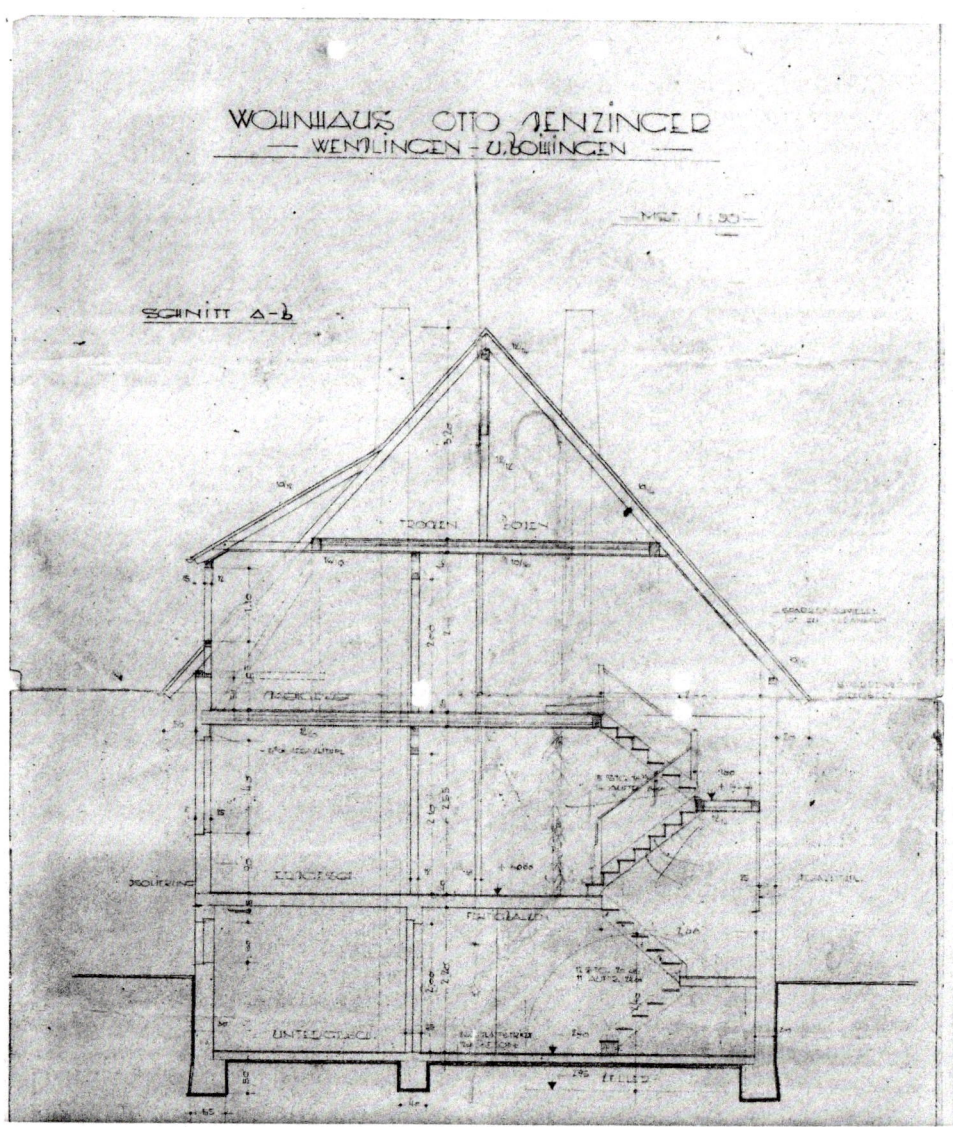

Abb. 5.8: Schnitt

Den Plänen des Beispielhauses ist nicht zu entnehmen, dass das 2. Dachgeschoss, als Trockenboden bezeichnet, heute ausgebaut und beheizt ist.

5.2 Datenaufnahme

Meist ist im Baugesuch eine Baubeschreibung enthalten (vgl. Abb. 5.9). Je nachdem, wie umfangreich bzw. detailliert diese vorhanden ist, sind die meisten Bauteile darin beschrieben.

Anlage zum Bauantrag

Bauherr (Vor- und Zuname)		egz. Nr.
Bauort		

Baubeschreibung

Fragen	Antwort des Antragstellers bzw. Planverfassers	Bearbeitungsvermerke der Baurechtsbehörde
1. Welchem Zweck soll das Gebäude dienen?	Wohngebäude	
2. Bei Gewerbebetrieb: Betriebszweig (Besondere Anlage nach § 4 Abs. 2 BauVorlVO erforderlich *)		
3. Umbauter Raum (DIN 277)	639 m³	
4. Reine Baukosten ohne Kosten nach Ziffer 5 (DIN 276) davon Rohbaukosten	226 000,— DM DM	
5. Kosten der Wasserversorgungs- und Abwasserbeseitigungsanlagen	4 000,— DM	
6. Beschaffenheit und Merkmale des Baugrundes	Sand – Lehm	
7. Fundamente (Gründungsart und Baustoff)	Beton	
8. Außenwände (Baustoff) Untergeschoß Erdgeschoß Obergeschoß	Beton Bims Bisotherm	
9. Trennwände (Baustoff) Untergeschoß Erdgeschoß Obergeschoß Dachgeschoß	Ziegel Bims	
10. Decken (Baustoff) über Untergeschoß über Erdgeschoß über Obergeschossen	Stahlbeton Massivdecken	
11. Dach (Konstruktion und Baustoff)	Satteldach/Holz	
12. Dachdeckung (Baustoff, Farbe)	engobierte Ziegel rotbraun	
13. Treppen (Baustoff) Untergeschoß Erdgeschoß Obergeschosse	System Stahl-Holz Treppen	
14. Spül- oder Trockenaborte Art der Entlüftung innenliegender Aborte	Spülaborte ☐ Trockenaborte ☐	
15. Besondere bauliche Einrichtungen (z. B. Aufzug oder dergleichen)		
16. Baustoff und Farbe der Außenflächen des Gebäudes		
17. Art der Einfriedigung		

*) BOORBERG Vordruck Nr. 3101/2 B – Zusätzliche Baubeschreibung für gewerbliche Anlagen –

Abb. 5.9: Baubeschreibung

Aus dem Beispiel in Abb. 5.9 kann entnommen werden, dass die Außenwände im Erdgeschoss und Obergeschoss aus einem Bims-Mauerstein gemauert wurden und außen mit einem Mörtelputz versehen sind. Das Dach besteht aus einer Holzsparren-Konstruktion, die Decke über dem UG ist eine massive Stahlbetondecke, die darüber liegenden Decken sind Holzbalkendecken.

Bei der Ortsbesichtigung wurde jedoch festgestellt, dass im Untergeschoss keine Räume beheizt sind.

Weiterhin ist den Plänen zu entnehmen, dass sich der Heizraum im Untergeschoss befindet. Hier ist eine Gas-Brennwerttherme, Fabrikat Junkers-Cerasmart (Leistung 16 kW), aufgestellt. Die Räume werden über eine Pumpen-Warmwasserheizung mit Kompaktheizkörpern und Thermostatventilen beheizt. Im Heizraum ist weiterhin ein indirekt beheizter 158-Liter-Warmwasserspeicher (Fabrikat Variosystemtechnik) aufgestellt. Das Gebäude ist mit einer Warmwasserzirkulationsleitung ausgestattet.

Der Flur und das Treppenhaus besitzen keinen Heizkörper.

Die Fenster sind Holzfenster mit Isolierverglasung.

Das Dach sowie die Holzbalkendecke zum Dachgeschoss sind mit 6 cm Mineralwolle zwischen den Sparren gedämmt. Darunter befindet sich eine Gipskartonplatte. Die Decke über dem Keller besteht aus 19 cm Stahlbeton mit 10 mm Hartschaumdämmung und einer Wärmeleitgruppe von 040. Darauf befinden sich 40 mm Estrich.

Nicht immer ist die vorhandene Baubeschreibung so ergiebig. Dann sind die Bauteile vor Ort zu messen. Ist z. B. im Plan eine Rohdecke mit 18 cm Stärke dargestellt, tatsächlich misst aber der gesamte Deckenaufbau 27 cm mit Fliesenbelag, so lässt sich aus diesen Angaben schließen, dass 2 cm Dämmung und 4 cm (Mindestdicke) Estrich vorhanden sind. Auch kann der Hausbesitzer befragt werden, ob beim Bohren das Bohrmehl grau, weiß oder rot ist und ob Hohlräume in der Wand vorhanden sind.

Dies gibt Aufschluss darüber, ob es sich um Ziegel-, Kalksand- oder Bimssteine handelt und ob diese Hohlkammern besitzen (z. B. HLZ = Hohllochziegel).

5.3 Berechnung

Sinn der Energiebilanz des Bestands ist es, die Wärmeströme – insbesondere die Verlustströme des Gebäudes – sichtbar zu machen, damit Ansatzpunkte für die Modernisierung gefunden werden. Alle Erkenntnisse der Bestandsaufnahme finden sich hier wieder. Die Ergebnisse der Bilanz sollten dem Verbrauch des untersuchten Gebäudes in etwa entsprechen. Es ist eine Genauigkeit von +/– 10 % anzustreben.

Achtung: Die Ergebnisse der Bestandsbilanz dienen nur der Erarbeitung des Berichts für die Hausbesitzer, nicht diversen anderen Nachweisen (EnEV, KfW, Passivhaus, dena-Energiepass usw.). Diese werden mit anderen Softwareprogrammen bzw. unter anderen Rahmenbedingungen erstellt!

5.3.1 Ist-Energiebilanz

Die Berechnung beginnt normalerweise mit der Ermittlung des U-Wertes. Dieser liegt in diesem Beispiel ausnahmsweise schon vor. Die Berechnung erfolgt heute in der Regel mit einer Software (s. Abschn. 4.2).

Zur Berechnung der Transmissionswärmeverluste werden alle Flächen berücksichtigt, die den beheizten Gebäudebereich nach außen – gegen Luft oder Erdreich – und zu unbeheizten Räumen hin abschließen.

Trennflächen zu Räumen mit gleicher Nutzung und Temperatur, beispielsweise Wände zwischen Reihenhäusern, werden wärmetechnisch als neutral betrachtet und nicht berücksichtigt.

Sind die U-Werte berechnet, die Flächen berücksichtigt und die Heizung sowie die Warmwasserbereitung definiert, wird die Ist-Energiebilanz ermittelt. Hierfür kann z. B. die EnEV-Berechnung als Grundlage dienen.

Beim untersuchten Gebäude teilen sich die Transmissionsverluste wie in Abb. 5.10 gezeigt auf (100 % = 15 895 kWh/a).

Nr.	Name	Gewinne [kWh/a]	Verluste [kWh/a]
1	Außenwand NW	86	1.977
2	FE im EG in Außenwand NW	473	853
3	Außenwand SW	353	3.388
4	FE im EG in Außenwand SW	785	947
5	FE im OG in Außenwand SW	766	924
6	Außenwand SO	193	1.852
7	FE im EG in Außenwand SO	1.060	1.279
8	Außenwand NO	146	3.373
9	Tür in Außenwand NO	17	403
10	FE im EG in Außenwand NO	315	568
11	FE im OG in Außenwand NO	433	782
12	Kellerdecke D	0	1.523
13	Kellerdecke	0	2.544
14	Dachfläche NW	344	3.291
15	FE in Dachfläche NW	843	489
16	Dachfläche SO	595	3.291
17	FE in Dachfläche SO	1.192	1.016

Abb. 5.10: Spezifischer Transmissionswärmeverlust (H'_T)

Der spezifische Transmissionswärmeverlust des untersuchten Gebäudes beträgt 0,926 W/(m²K). Dieser Wert ist maßgebend für die Bewertung der Wärmedämmung der Gebäudehülle.

$$H'_T = \frac{H_T}{A}$$

Nach der EnEV wäre für dieses Gebäude mit einem A/V-Verhältnis von 0,61 ein maximaler Wert von 0,40 W/(m²K) zulässig. Der spez. Transmissionswärmeverlust vom Referenzgebäude beträgt 0,365 W/(m²K).

Als Ergebnis erhält man den Endenergieverbrauch mit **35 652 kWh** (Abb. 5.11).

Anlagenbewertung nach DIN 4701-10
für ein Gebäude mit normalen Innentemperaturen

Bezeichnung des Gebäudes oder Gebäudeteils: EFH-Emminger
Ort: Wendlingen   Straße u. Hausnr.: Lenzstr.7
Gemarkung: Flurstücknummer:

I. Eingaben

A_N = | 208,7 m² t_{HP} = | 185 Tage

TRINKWASSER-ERWÄRMUNG	HEIZUNG	LÜFTUNG
absoluter Bedarf Q_{tw} =	2.608 kWh/a	Q_h =	27.761 kWh/a	

II. Systembeschreibung

Übergabe		Radiatoren Außenwand Thermostatventile, 2 K	
Verteilung	mit Zirkulation wohnungszentral	horiz. Verteilung außerhalb Stränge innen, Pumpe geregelt	
Speicherung	Indirekt beheizter Speicher		

Erzeugung	Erzeuger 1	Erzeuger 2	Erzeuger 3	Erzeuger 1	Erzeuger 2	Erzeuger 3	Erzeuger WÜT	Erzeuger L/L-WP	Erzeuger Heizregister
Deckungsanteil	1,00			1,00					
Erzeuger	Brennwert-Kessel 1			Brennwert-Kessel 1					

III. Ergebnisse

| Deckung von Q_h | $q_{h,TW}$ = | 0,5 kWh/m²a | $q_{h,H}$ = | 132,6 kWh/m²a | $q_{h,L}$ = | 0,0 kWh/m²a |

ENERGIETRÄGER	ENDENERGIE	PRIMÄRENERGIE
Wärmeenergie (WE) 1. Erdgas H	$Q_{WE1,E}$ 34.945 kWh/a	$Q_{WE1,P}$ 38.439 kWh/a
2.	$Q_{WE2,E}$ 0 kWh/a	$Q_{WE2,P}$ 0 kWh/a
3.	$Q_{WE3,E}$ 0 kWh/a	$Q_{WE3,P}$ 0 kWh/a
Hilfsenergie (HE): Strom	$Q_{HE,E}$ 707 kWh/a	$Q_{HE,P}$ 1.839 kWh/a

Jahres-Endenergiebedarf	$Q_E = \sum Q_{WE,E} + Q_{HE,E}$	Q_E =	35.652 kWh/a
Jahres-Primärenergiebedarf	$Q_P = \sum Q_{WE,P} + Q_{HE,P}$	Q_P =	40.279 kWh/a
bezogener Jahres-Primärenergiebedarf	$q_P = Q_P / A_N$	q_P =	193,0 kWh/m²a
Anlagen-Aufwandszahl	$e_P = Q_P / (Q_h + Q_{tw})$	e_P =	1,33 [-]

TRINKWASSERERWÄRMUNG

Vorgaben

Strang: Warmwasserbereich 1		
	Rechenvorschrift	*Dimension*
q_{tw}	aus EnEV	12,5 kWh/m²a
A_N		208,7 m²
Q_{tw}	q_{tw} x A_N	2.608 kWh/a

WÄRME (WE)

	Rechenvorschrift / Quelle	*Dimension*	Erzeuger 1	Erzeuger 2	Erzeuger 3
q_{tw}	aus EnEV	[kWh/m²a]	12,50		
$q_{TW,ce}$	Abschnitt 5.1.1	[kWh/m²a]	0,00		
$q_{TW,d}$	Abschnitt 5.1.2	[kWh/m²a]	1,01		
$q_{TW,s}$	Abschnitt 5.1.3	[kWh/m²a]	3,69		
$\overset{*}{q}_{TW}$	$(q_{tw} + q_{TW,ce} + q_{TW,d} + q_{TW,s})$	[kWh/m²a]	17,19		
$\alpha_{TW,g,i}$	Abschnitt 5.1.4.1	[–]	1,00		
$e_{TW,g,i}$	Abschnitt 5.1.4.2	[–]	1,16		
$q_{TW,E,i}$	$\overset{*}{q}_{TW}$ x $(e_{TW,g,i}$ x $\alpha_{TW,g,i})$	[kWh/m²a]	19,9		
	Energieträger:		Erdgas H		
$f_{P,i}$	Tabelle C.4.1	[–]	1,1		

Heizwärmegutschriften

$q_{h,TW,d}$	Abschnitt 5.1.2	0,45 kWh/m²a
$q_{h,TW,s}$	Abschnitt 5.1.3	0,00 kWh/m²a
$q_{h,TW}$	$q_{h,TW,d}$ + $q_{h,TW,s}$	0,45 kWh/m²a

Endenergie

$q_{TW,E}$	$\Sigma\ q_{TW,E,i}$	19,9 kWh/m²a

Primärenergie

HILFSENERGIE (HE)

	Rechenvorschrift / Quelle	*Dimension*	Erzeuger 1	Erzeuger 2	Erzeuger 3
$q_{TW,ce,HE}$	Abschnitt 5.1.1	[kWh/m²a]	0,00		
$q_{TW,d,HE}$	Abschnitt 5.1.2	[kWh/m²a]	0,64		
$q_{TW,s,HE}$	Abschnitt 5.1.3	[kWh/m²a]	0,07		
$\alpha_{TW,g,i}$	Abschnitt 5.1.4.1	[–]	1,00		
$q_{TW,g,HE,i}$	Abschnitt 5.1.4.2	[kWh/m²a]	0,17		
α_i x q_i	$q_{TW,g,HE,i}$ x $\alpha_{TW,g,i}$	[kWh/m²a]	0,17		
$q_{TW,HE,E}$	$q_{TW,ce,HE} + q_{TW,d,HE} + q_{TW,s,HE} + \Sigma\ (\alpha_i$ x $q_i)$	[kWh/m²a]	0,88		
	Energieträger:		Strom		
f_P	Tabelle C.4.1	[–]	2,6		

Endenergie

$q_{TW,HE,E}$		0,9 kWh/m²a

Primärenergie

Endenergie:	$Q_{TW,WE,E}$	1. Erdgas H	$\Sigma\ q_{TW,WE1,E}$ x A_N	4.151 kWh/a
		2.	$\Sigma\ q_{TW,WE2,E}$ x A_N	0 kWh/a
		3.	$\Sigma\ q_{TW,WE3,E}$ x A_N	0 kWh/a

Primärenergie:	$\mathbf{Q_{TW,P}}$	$(q_{TW,P} + q_{TW,HE,P})$ x A_N	5.041 kWh/a

HEIZUNG

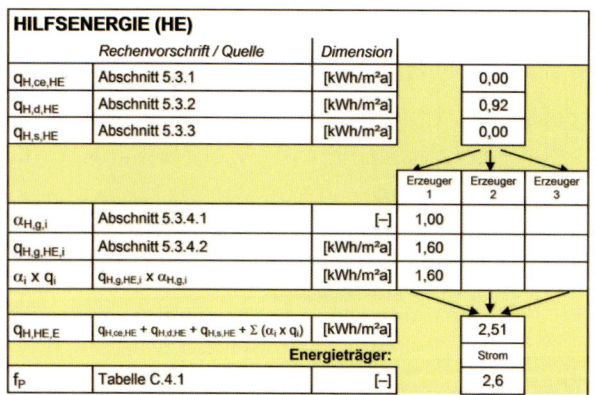

Vorgaben

WÄRME (WE)						
	Rechenvorschrift / Quelle	Dimension				
q_h	nach Abschnitt 4.1	[kWh/m²a]		133,04		
$q_{h,TW}$	aus Berechnungsblatt Trinkwassererwärmung	[kWh/m²a]	−	0,45		
$q_{h,L}$	aus Berechnungsblatt Lüftung	[kWh/m²a]		0,00		
$q_{H,ce}$	Abschnitt 5.3.1	[kWh/m²a]		3,30		
$q_{H,d}$	Abschnitt 5.3.2	[kWh/m²a]		6,17		
$q_{H,s}$	Abschnitt 5.3.3	[kWh/m²a]		0,00		
q^*_H	$(q_h - q_{h,TW} - q_{h,L} + q_{H,ce} + q_{H,d} + q_{H,s})$	[kWh/m²a]		142,05		
				Erzeuger 1	Erzeuger 2	Erzeuger 3
$\alpha_{H,g,i}$	Abschnitt 5.3.4.1	[–]		1,00		
$e_{H,g,i}$	Abschnitt 5.3.4.2	[–]		1,04		
$q_{H,E,i}$	$q^*_H \times (e_{H,g,i} \times \alpha_{H,g,i})$	[kWh/m²a]		147,6		
Energieträger:		Erdgas H				
$f_{P,i}$	Tabelle C.4.1	[–]		1,1		

Strang: Heizungsbereich 1		
	Rechenvorschrift	Dimension
q_h		133,0 kWh/m²a
A_N		208,7 m²
Q_h	$q_h \times A_N$	27.761 kWh/a

Endenergie

$q_{H,E}$	$\Sigma\, q_{H,E,i}$	147,6 kWh/m²a

Primärenergie

HILFSENERGIE (HE)						
	Rechenvorschrift / Quelle	Dimension				
$q_{H,ce,HE}$	Abschnitt 5.3.1	[kWh/m²a]		0,00		
$q_{H,d,HE}$	Abschnitt 5.3.2	[kWh/m²a]		0,92		
$q_{H,s,HE}$	Abschnitt 5.3.3	[kWh/m²a]		0,00		
				Erzeuger 1	Erzeuger 2	Erzeuger 3
$\alpha_{H,g,i}$	Abschnitt 5.3.4.1	[–]		1,00		
$q_{H,g,HE,i}$	Abschnitt 5.3.4.2	[kWh/m²a]		1,60		
$\alpha_i \times q_i$	$q_{H,g,HE,i} \times \alpha_{H,g,i}$	[kWh/m²a]		1,60		
$q_{H,HE,E}$	$q_{H,ce,HE} + q_{H,d,HE} + q_{H,s,HE} + \Sigma\,(\alpha_i \times q_i)$	[kWh/m²a]		2,51		
Energieträger:		Strom				
f_P	Tabelle C.4.1	[–]		2,6		

Endenergie

$q_{H,HE,E}$		2,5 kWh/m²a

Primärenergie

Endenergie: $Q_{H,WE,E}$

1. Erdgas H	$\Sigma\, q_{H,WE1,E} \times A_N$	30.794 kWh/a
2.	$\Sigma\, q_{H,WE2,E} \times A_N$	0 kWh/a
3.	$\Sigma\, q_{H,WE3,E} \times A_N$	0 kWh/a

Primärenergie: $Q_{H,P}$

$(q_{H,P} + q_{H,HE,P}) \times A_N$	35.238 kWh/a

Abb. 5.11: Ist-Energiebilanz des Beispielgebäudes

Brennstoffverbrauch

In den letzten Jahren wurden folgende Energieverbräuche dokumentiert:

Energieverbrauch				
	2011	2012	2013	Mittelwert
Gas	35 125 kWh	36 584 kWh	35 793 kWh	35 834 kWh

Der mittlere Energieverbrauch für Raumwärme und Warmwasserbereitung beträgt somit **35 834 kWh/a.**

Diese Werte müssen noch, um vergleichbar zu sein, witterungsbereinigt werden. Der witterungsbereinigte Energieverbrauch für Raumwärme und Warmwasserbereitung beträgt damit **37 925 kWh/a.**

Die Abweichung der Berechnung zum tatsächlichen Verbrauch liegt also bei 23 %. Ein Ergebnis mit einer geringeren Abweichung als 10 % kann ohne weitere Erklärung akzeptiert werden, da das gewählte vereinfachte Rechenverfahren sowieso keine genaueren Ergebnisse erwarten lässt. Diese möglichen Abweichungen sollten dem Auftraggeber mitgeteilt werden, damit keine zu großen Erwartungen an die Genauigkeit erweckt werden. Im vorliegenden Fall stellte sich im Gespräch heraus, dass das Erdgeschoss sehr stark beheizt wird, damit es die Oma gemütlich hat, was den höheren Energieverbrauch und damit die relativ hohe Abweichung der Rechnung erklärt.

Die anteiligen Wärmeverluste der Bautechnik sind in Abb. 5.12 anschaulich dargestellt. Aus diesem Diagramm wird ersichtlich, dass die meiste Heizenergie durch die Außenwände, Fenster und die Dachflächen verloren geht.

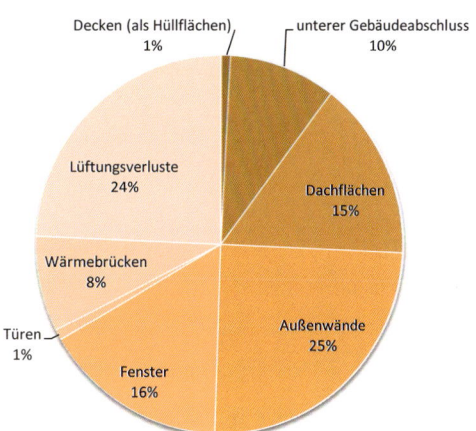

Abb. 5.12: Verteilung der Verluste der Gebäudehülle

Im Anschluss werden die einzelnen Sanierungsmaßnahmen durchgerechnet. Dafür werden die entsprechenden Faktoren verändert. Die Differenz der Endenergieverbräuche zum Ist-Verbrauch ergibt die jeweiligen Einsparungen.

5.3.2 Maßnahmen

Folgende Maßnahmen erscheinen möglich, um den Energieverbrauch des Beispielgebäudes zu senken:

1. Fassadendämmung durch ein Wärmedämmverbundsystem mit 14 cm Dämmstärke in der Wärmeleitgruppe 035.

2. Fenstererneuerung mit einem U_w-Wert von 0,9 W/(m²h).

3. Dämmung der Kellerdecke mit 10 cm Polystyrolplatten WLG 032.

4. Ergänzung der Dachdämmung mit 12 cm Aufsparrendämmung WLG 030.

5. Installation einer thermischen Solaranlage mit 6 m² Kollektorfläche zur Warmwasserbereitung.

Diese Maßnahmen werden zu einzelnen Maßnahmenpaketen zusammengefasst. Dies ist nicht nur sinnvoll, sondern auch durch das BAFA vorgeschrieben.

Das Maßnahmenpaket 1 besteht aus allen Dämmmaßnahmen. Das Maßnahmenpaket 2 besteht aus allen Dämmmaßnahmen und der Solaranlage.

5.3.3 Vergleich der Maßnahmenpakete

Zu beachten ist, dass die Einsparungen je Maßnahme immer zum Ist-Zustand ins Verhältnis zu setzen sind, damit die Berechnung der Maßnahmen vergleichbar ist. Werden Maßnahmenpakete vorgeschlagen, wie in diesem Fall, so sind diese gesondert zu rechnen, da die Summe der einzelnen Einsparungen nicht die tatsächliche Einsparung durch ein Maßnahmenpaket darstellt. Die Ursache hierfür liegt in den kürzeren Laufzeiten des Heizkessels und den daraus resultierenden höheren Betriebsbereitschaftsverlusten.

Tabelle 5.1: Vergleich der Maßnahmenpakete

Bezeichnung	Referenz-gebäude	Ist-Zu-stand	Maßnahmenpaket 01	Maßnahmenpaket 02
Heizwärmebedarf [kWh/a]	10 441,8	27 760,8	11 151,8	11 151,8
Endenergiebedarf [kWh/a]	13 000,6	35 652,3	18 469,2	15 533,3
Primärenergiebedarf [kWh/a]	15 497,2	40 278,7	21 097,4	17 934,9
Spez. Heizwärmebedarf [kWh/(m²a)]	50,0	133,0	53,4	53,4
Spez. Endenergiebedarf [kWh/(m²a)]	62,3	170,9	88,5	74,4
Spez. Primärenergiebedarf [kWh/(m²a)]	74,3	193,0	101,1	85,3
Gebäudevolumen [m³]	652,1	652,1	652,1	652,1
Nutz- bzw. Nettogrundfläche [m²]	208,7	208,7	208,7	208,7
Thermische Hüllfläche [m²]	398,0	398,0	398,0	398,0

Bezeichnung	Referenz-gebäude	Ist-Zu-stand	Maßnahmenpaket 01	Maßnahmenpaket 02
A/V-Verhältnis [1/m]	0,61	0,61	0,61	0,61
Randbedingungen Gebäude	Standard	Standard	Standard	Standard
Amortisationszeit [a]	–	–	40	39
Investitionssumme [€]	0,0	0,0	49 510,0	55 010,0
Spez. Energiekosten [€/(m²a)]	5,8	12,6	6,7	5,7
Energiekosten [€/a]	1208,0	2630,1	1391,8	1194,8
H'_T [W/(m²K)]	0,365	0,926	0,378	0,378
H'_T bzgl. Referenzgebäude [%]	100,0	253,7	103,6	103,6
Heizlast	10,7	21,0	10,9	10,9
Anlagenaufwandszahl [-]	1,19	1,33	1,53	1,30
CO_2-Emissionen [kg/a]	4572,3	8546,7	4521,0	3879,5
Spez. CO_2-Emissionen [kg/(m²a)]	21,9	41,0	21,7	18,6
NOx-Emissionen [kg/a]	3,32	7,36	3,86	3,28
Spez. NOx-Emissionen [kg/(m²a)]	0,0159	0,0353	0,0185	0,0157

5.4 Ergebnis

Die Ergebnisse aller untersuchten Maßnahmen sind in Abb. 5.13 dargestellt.

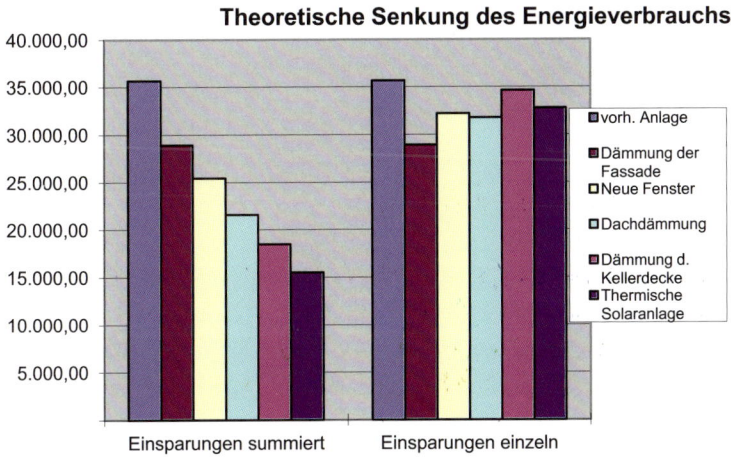

Abb. 5.13: Ergebnisse der Einsparungsmöglichkeiten auf einen Blick

Wie aus dem Diagramm ersichtlich, ist es vorteilhaft, Maßnahmenpakete zusammenzufassen und darzustellen. In diesem Beispiel sind das alle Dämmmaßnahmen sowie die Dämmmaßnahmen mit Solaranlage.

5.5 Grafischer Variantenvergleich

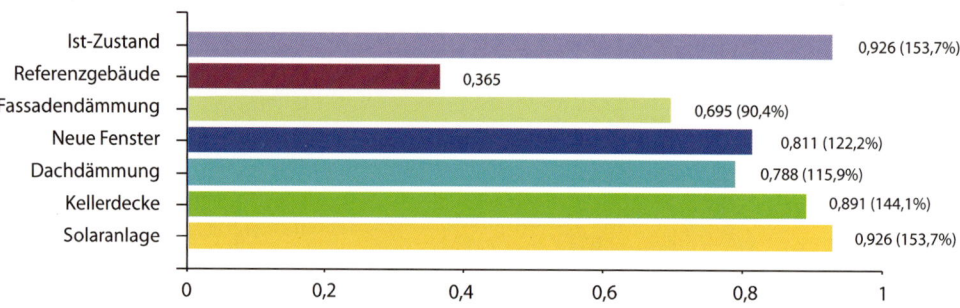

Abb. 5.14: Vergleich der Transmissionsverluste H'_T in W/(m²K)

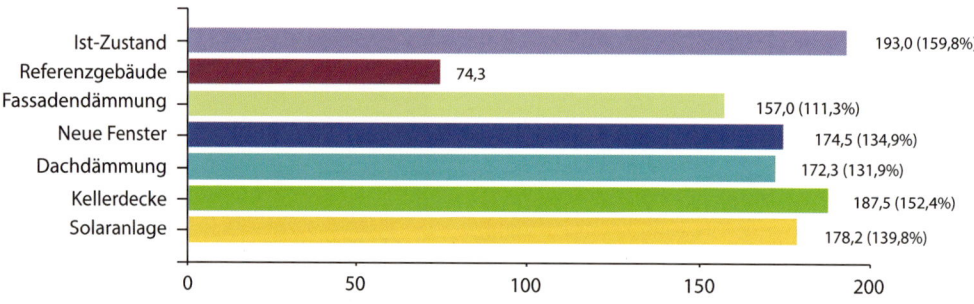

Abb. 5.15: Vergleich des Primärenergiebedarfs in kWh/(m²a)

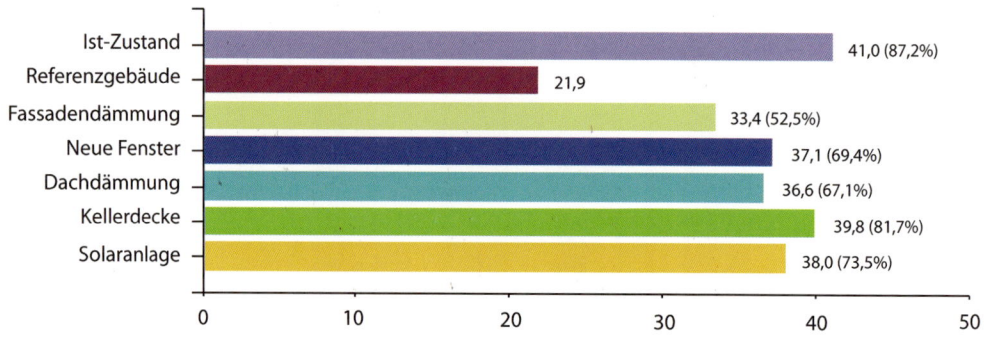

Abb. 5.16: Vergleich der spezifischen CO_2-Emissionen in kg/(m²a)

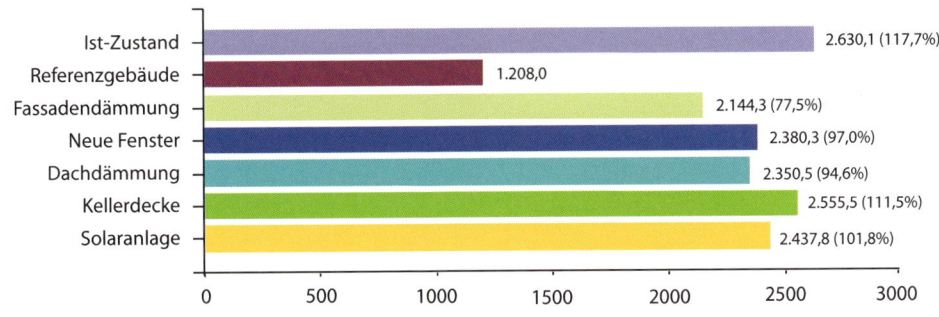

Abb. 5.17: Vergleich der Energiekosten in Euro pro Jahr

5.6   Maßnahmenkombinationen / Ergebnisse

Nachfolgend werden die zwei Maßnahmenpakete untersucht und mit dem entsprechenden Referenzgebäude verglichen.

Maßnahmenpaket 1 (Durchführung von untersuchten Dämmmaßnahmen)

Tabelle 5.2: Investitionskosten von Maßnahmenpaket 1

Einzelmaßnahmen	Investitionskosten	Nutzungs-dauer	Energie-einsparung	Kapital-einsparung
	Euro	a	kWh/a	Euro/a
Dämmung der Fassade	23 600	50	6741	486,00
Neue Fenster	11 200	50	3466	250,00
Dachdämmung	13 200	50	3879	280,00
Dämmung der Kellerdecke	1510	50	1035	75,00
Maßnahmenpaket 1	**49 510**	**50**	**17 183**	**1238**

Maßnahmenpaket 2 (Durchführung von untersuchten Dämmmaßnahmen und Installation einer Solaranlage für WWB)

Tabelle 5.3: Investitionskosten von Maßnahmenpaket 2

Einzelmaßnahmen	Investitionskosten	Nutzungs-dauer	Energie-einsparung	Kapital-einsparung
	Euro	a	kWh/a	Euro/a
Dämmung der Fassade	23 600	50	6741	486,00
Neue Fenster	11 200	50	3466	250,00
Dachdämmung	13 200	50	3879	280,00

Einzelmaßnahmen	Investitionskosten	Nutzungs-dauer	Energie-einsparung	Kapital-einsparung
Dämmung der Kellerdecke	1510	50	1035	75,00
Thermische Solaranlage	5500	20	2869	192,00
Maßnahmenpaket 2	**55010**	**50**	**20119**	**1435**

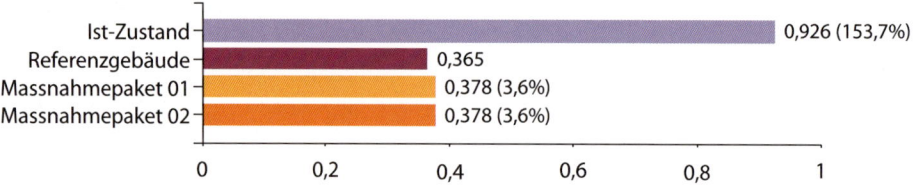

Abb. 5.18: Vergleich der Transmissionsverluste der Maßnahmenpakete H'_T in W/(m²K)

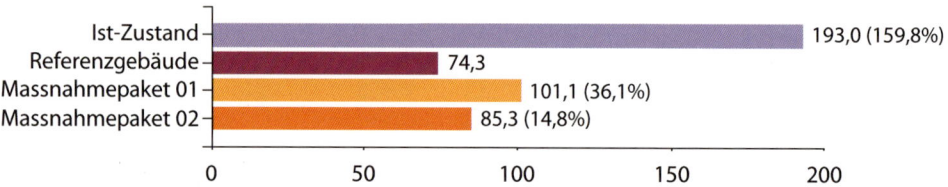

Abb. 5.19: Vergleich des spezifischen Primärenergiebedarfs der Maßnahmenpakete in kWh/(m²a)

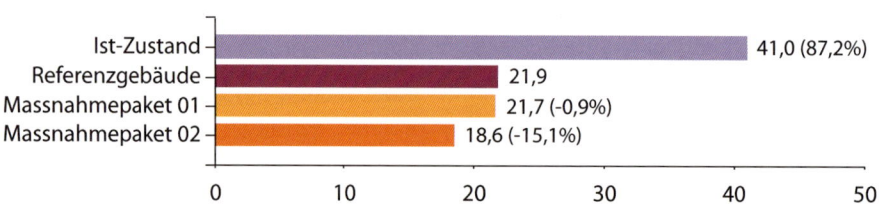

Abb. 5.20: Vergleich der spezifischen CO_2-Emmisionen der Maßnahmenpakete in kg/(m²a)

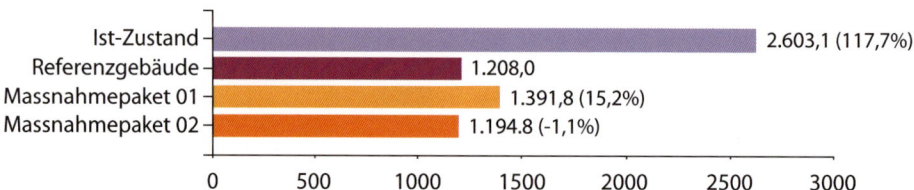

Abb. 5.21: Vergleich der Energiekosten der Maßnahmenpakete in Euro pro Jahr

6 Wirtschaftlichkeitsberechnung

6.1 Allgemeines

Nachfolgend werden Erläuterungen zur Wirtschaftlichkeitsbewertung, zur Ermittlung der Kostendaten und zur Festlegung der weiteren Randdaten gegeben.

Zunächst sollte die Kapitalrückflussdauer berechnet werden. Hierunter versteht man den Zeitraum, in dem das eingesetzte Kapital durch die Verbrauchskosteneinsparung zurückgeflossen ist. Es werden also kein Kapitalzins und keine Energiepreissteigerung berücksichtigt. Die Kapitalrückflussdauer ist auch dann gleich, wenn Kapitalzins und Energiepreissteigerung gleich sind. Dies war in der Vergangenheit in etwa der Fall. Die Energiepreissteigerung der letzten 30 Jahre lag bei durchschnittlich 6 %, wenn auch mit großen Ausschlägen nach oben und unten. In dieser Größenordnung lag auch der durchschnittliche Kreditzins.

6.2 Detaillierte Wirtschaftlichkeitsberechnung

In der VDI-Richtlinie 2067 ist die Wirtschaftlichkeitsberechnung detailliert beschrieben.

Die Rechenergebnisse stehen und fallen mit den Eingaben zu den Kosten und den weiteren Randdaten der Berechnung.

Die energiebedingten Mehrkosten sind dabei herauszustellen und der Unterschied zu den Vollkosten ist zu erklären.

6.2.1 Zins

Der Kalkulationszins ist wahlweise der entgangene Sparzins oder der Kreditzins, der für einen aufgenommenen Kredit zu zahlen ist. Beim Kreditzins ist der Zinssatz für eine Kreditlaufzeit in der Größe der Kapitalrückflussdauer anzusetzen.

6.2.2 Preissteigerung

Die Preissteigerungen für Energie sind der streitbarste Posten der Berechnung. Abweichend vom langjährigen Trend, nämlich kontinuierlich steigend, sind die Energiekosten momentan ziemlich konstant. Die aktuellen Preise dürften aber nicht von langer Dauer sein, da der Energiebedarf weltweit weiter steigt.

6.2.3 Wartung und Instandsetzung

Hierfür sind für die meisten Investitionsgüter der technischen Gebäudeausrüstung in der VDI 2067 Angaben enthalten. Diese jährlichen Kosten liegen meist bei 1 bis 3 % des Investitionsaufwands. Da aber auch ein alter Kessel gewartet werden muss, können diese Kosten in der Kalkulation vernachlässigt werden.

6.2.4 Bewertung der Altanlage

Auch dafür wird im VDI 2067 ein Rechenverfahren vorgestellt. Hierbei wird der Restwert der Altanlage berechnet und bei der Wirtschaftlichkeit der Neuanlage berücksichtigt. Da im Wohnungsbau davon auszugehen ist, dass Anlagenerneuerungen meist nur dann erfolgen, wenn die Lebensdauer sowieso annähernd erreicht ist, kann auf die Restwertberechnung verzichtet werden. Diese würde auch den Rahmen des Energieberichts sprengen.

6.3 Diagramm zur Wirtschaftlichkeitsberechnung

Für jede Maßnahme und jedes Paket sollen Investitionskosten und Amortisation dargestellt werden. Dies lässt sich am besten in einer Tabelle gegenüberstellen (Tabelle 6.1).

Tabelle 6.1: Wirtschaftlichkeitsberechnung

	Investitionskosten	Nutzungsdauer	Energieeinsparung	Energiepreis	Kapitaleinsparung	Amortisationsdauer
	Euro	a	kWh/a	Cent/kWh	EUR/a	a
Dämmung der Fassade	23 600	50	6741	7,0	486,00	48,6
Neue Fenster	11 200	50	3466	7,0	250,00	44,8
Dachdämmung	13 200	50	3879	7,0	280,00	47,1
Dämmung d. Kellerdecke	1510	50	1035	7,0	75,00	20,1
Thermische Solaranlage	5500	20	2869	7,0	192,00	28,6

7   Umweltbilanzierung

7.1   Allgemeine Umweltbilanzierung

Am 12.12.2015 wurde auf der Klimakonferenz der Vereinten Nationen in Paris eine Vereinbarung verabschiedet, die das Ziel des Klimaschutzes in Nachfolge des Kyoto-Protokolls festschreibt. Diese sieht die Begrenzung der menschengemachten globalen Erwärmung auf deutlich unter 2 °C gegenüber vorindustriellen Werten vor.

Der Klimaschutzplan 2050 der deutschen Bundesregierung enthält die geplanten nationalen Klimaschutzmaßnahmen zur Umsetzung des Übereinkommens von Paris. Er wurde am 14.11.2016 vom Bundeskabinett beschlossen.

Die Ziele des Klimaschutzplans 2050 für das Jahr 2030 zeigt die Tabelle 7.1. Die wichtigsten Treibhausgase sind in Tabelle 7.2 aufgelistet.

Tabelle 7.1: Abbildung der Klimaschutzziele für das Jahr 2030

Handlungsfeld	Emissionsziel 2030 in Mio. t CO_2-Äquivalent	Minderung gegenüber 1990 in %
Energiewirtschaft	175 bis 183	62 bis 61
Gebäude	070 bis 072	67 bis 66
Verkehr	095 bis 098	42 bis 40
Industrie	140 bis 143	51 bis 49
Landwirtschaft	058 bis 061	34 bis 31
Teilsumme	538 bis 557	56 bis 54
Sonstige	5	87
Gesamtsumme	543 bis 562	56 bis 55

Tabelle 7.2: Abbildung der sechs wichtigsten Kyoto-Treibhausgase

Klimarelevante Gase	Summenformel	Treibhauspotential (GWP Global Warming Potential)	Anteil an den vom Menschen verursachten Treibhausgasemissionen
Kohlenstoffdioxid	CO_2	1	76,7 %
Methan	CH_4	25	14,3 %
Distickstoffoxid	N_2O	298	7,9 %
Schwefelhexafluorid, Fluorchlorkohlenwasserstoffe, Perfluorierte Kohlenwasserstoffe u. a.	SF_6 diverse, CHF_XCl_Y	100 bis 22.800	1,1 %

Kohlendioxid ist kein Luftschadstoff, sondern ein natürlich vorkommendes Gas. Es ist ungiftig, farb- und geruchslos und ein Bestandteil der Luft, der für das Leben auf der Erde notwendig ist. Sein Anteil in der Luft beträgt ca. 0,03 %.

Die Zunahme des Kohlendioxids in der Atmosphäre um ein Drittel führt jedoch zum Treibhauseffekt, also zur zusätzlichen Erwärmung der Erdatmosphäre. Das Kohlendioxid gilt in der Klimaforschung als der Hauptverursacher der Klimaerwärmung.

Bei einer vollständigen Verbrennung eines Brennstoffs werden seine Kohlenwasserstoffe in Wasser und Kohlendioxid umgewandelt. Die dabei entstehende Menge an Kohlendioxid hängt jeweils von der chemischen Zusammensetzung des eingesetzten Brennstoffs ab.

Neben dem Kohlendioxid gibt es weitere Treibhausgase wie Methan, Lachgas und halogenisierte Kohlenwasserstoffe sowie Schwefelhexafluorid. Auch diese Gase tragen zur Erwärmung der Erdatmosphäre bei.

Um diese Gase in ihrem Einfluss auf das Klima vergleichen zu können, wird ihr Beitrag zum Treibhauseffekt relativ zum Haupttreibhausgas „Kohlendioxid" in Form des GWP (Global Warming Potential) erfasst, da die verschiedenen Gase sich unterschiedlich lange in der Atmosphäre aufhalten und wirksam sind. Das bedeutet, dass z. B. 1 kg CH_4 (Methan) mit einem GWP von 23 in einem Betrachtungszeitraum von 100 Jahren die gleiche Wirkung wie 23 kg CO_2 hat. Man spricht daher auch von CO_2-Äquivalenten.

7.2 Bisherige Ziele zur Minderung der CO_2-Emissionen

Die Europäische Union hat folgende Klimaschutzziele beschlossen.

- Die EU-internen Treibhausgas-Emissionen werden bis 2030 um mindestens 40 % im Vergleich zu 1990 gemindert.
- Die Nutzung erneuerbarer Energien wird auf 30 % des gesamten Endenergieverbrauches gesteigert.
- Die Energieeffizienz wird um 32,5 % gesteigert im Vergleich zu einer Entwicklung ohne weitere Effizienzanstrengungen.

Innerhalb der Europäischen Union hat sich Deutschland zum Ziel gesetzt, bereits bis 2020 40 % CO_2 und bis 2050 80 % einzusparen.

Die Verpflichtung zur Minimierung bedeutet umgekehrt aber auch ein Recht zur Emission der nach Erfüllung der Verpflichtung verbleibenden Menge an Treibhausgasen. Es kann mit den über das EU-Ziel hinausgehenden eingesparten CO_2-Äquivalenten ein sogenannter Emissionshandel betrieben werden. Das bedeutet, dass mit eigenen Emissionsrechten gehandelt wird und diese beispielsweise an Dritte weiterverkauft werden. Dieser Handel ist aber auf die Industrie beschränkt.

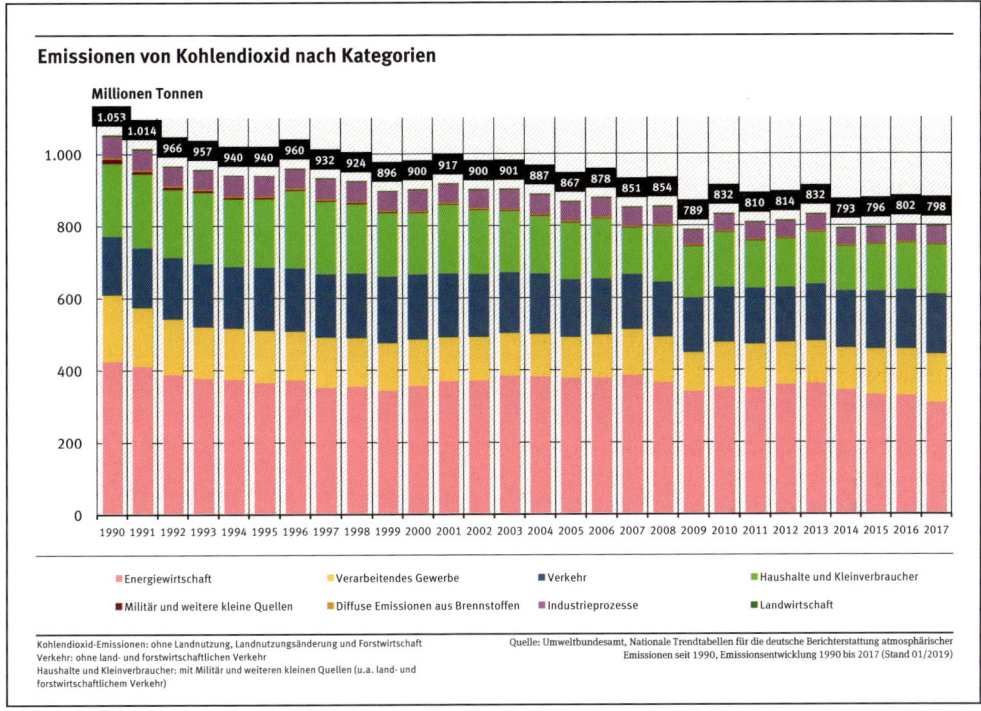

Emissionen von Kohlendioxid nach Kategorien

Abb. 7.1: Kohlendioxidemissionen in Deutschland im Jahr 2017 (Quelle: Umweltbundesamt 1/2019)

7.3   Gebäudeemission

Nach heutigen Erkenntnissen trägt das Kohlendioxid (CO_2) deutlich zur Verstärkung des Treibhauseffekts und damit zu einer durchschnittlichen Temperaturerhöhung auf der Erde bei. Eine Reduzierung der CO_2-Emissionen gehört zu den wichtigsten Zielen einer nachhaltigen Klimapolitik. Das Gewerbe, der Verkehr und die privaten Haushalte in Deutschland verursachen zusammen fast die Hälfte der gesamten CO_2-Emissionen in Deutschland. Der Wohnungsbau kann folglich einen großen Beitrag zur Verringerung der CO_2-Emissionen in Deutschland leisten. Die spezifische Menge CO_2, die entsteht, um 1,0 kWh Endenergie im Haushalt bereitzustellen, hängt sehr von den Primärenergieträgern und von der Effizienz einer Energieerzeugung ab. Der fossile Brennstoff Erdgas hat aufgrund seiner chemischen Zusammensetzung einen erheblichen Vorteil. Erdgas enthält spezifisch weniger Kohlenstoff, sodass bei einer vollständigen Verbrennung 30 bis 80 % weniger Kohlendioxid entsteht als bei anderen fossilen Brennstoffen, wie Erdöl, Stein- oder Braunkohle. 1 kWh Endenergie über den Brennstoff Erdgas bereitgestellt verursacht eine CO_2-Emission von ca. 247 g/kWh.

Tabelle 7.3: Emissionsfaktor bei der CO_2-Bildung verschiedener Energieträger

Brennstoffeinsatz	Emissionsfaktor in kg CO_2/kWh Brennstoffeinsatz
Erdgas (als fossiler Brennstoff)	0,247
Heizöl	0,319
Flüssiggas	0,267
Holzpellets	0,027
Holz-Hackschnitzel	0,023
Stückholz	0,017

Tabelle 7.3 zeigt die spezifische Menge an CO_2, die bei der Bereitstellung von 1 kWh aus verschiedenen Energiequellen entsteht.

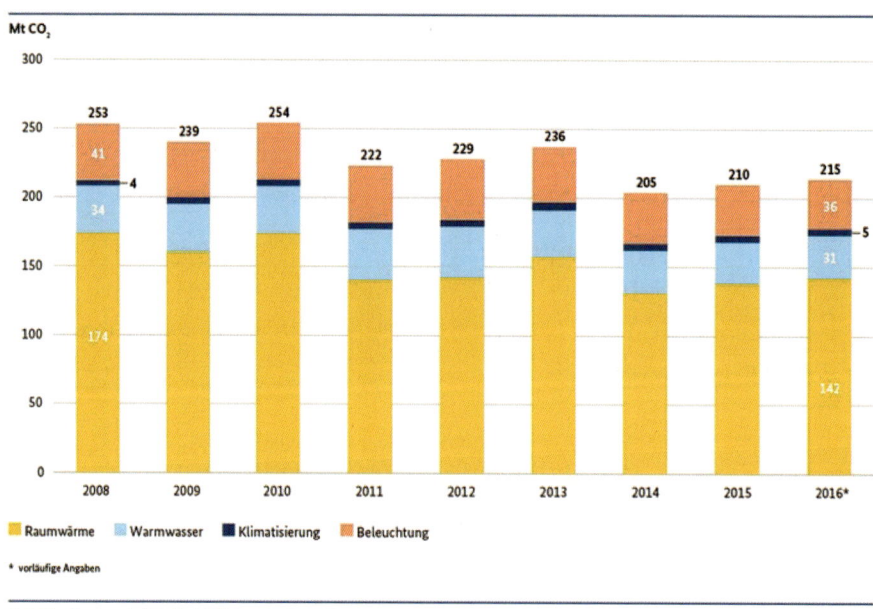

Quelle: Eigene Berechnung des UBA auf Basis AGEB, Anwendungsbilanzen, Stand 12/2017; UBA, Emissionsbilanz, Stand 10/2017; UBA, CO_2-Emissionsfaktoren, Stand 09/2016

Abb. 7.2: CO_2-Emissionen in Wohngebäuden (Quelle: Umweltbundesamt)

7.3.1 CO_2-Emissionen

Zu den CO_2-Emissionen eines Gebäudes gehören alle Emissionen, die innerhalb des Gebäudes bis zur Grundstücksgrenze entstehen und direkt der Energieversorgung im Gebäude zugeordnet werden können, sowie die Emissionen, die für die Förderung, Erzeugung und den Transport der Energie bis ins Gebäude entstehen. Ein deutscher Privathaushalt verbraucht im Durchschnitt

87,0 % seines Energieaufkommens für Heizung und Warmwasserbereitung. Beides sind vitale Notwendigkeiten, die für Gesundheit und Wohlsein stehen.

Auf der Gebäudeebene sind es ordnungspolitische Maßnahmen und Förderhilfen, die zu der insgesamt rückläufigen Entwicklung der CO_2-Emissionen beitragen:

- die neue Energie-Einsparverordnung mit der Verschärfung von Anforderungen,
- das Förderprogramm mit Anreizen zur CO_2-Minderung im Wohnungsbau,
- das Erneuerbare-Energien-Gesetz (EEG), das die Vergütung von Energie regelt,
- das Erneuerbare-Wärme-Gesetz (EWärmeG), das den Anteil an erneuerbarer Energie regelt,
- die Eigenheimzulage für Niedrigenergiebauweise und solare Energienutzung,
- die Beratung zur sparsamen und rationellen Energieverwendung im Gebäude,
- die Zuschüsse des Marktanreizgesetzes (s. Abschn. 10.1).

Allgemein gilt, dass eine Energienutzung dann nachhaltig ist, wenn sie die dauerhafte Verfügbarkeit von geeigneten Energieressourcen sicherstellt und zugleich die negativen Auswirkungen von Energiebereitstellung, -transport und -nutzung begrenzt. Darüber hinaus wurden im deutschen Klimaschutzprogramm auch technologie- und energieträgerbezogene Ziele gesetzt:

- Der Anteil der erneuerbaren Energien soll bis zum Jahr 2030 mindestens 30 % betragen.
- Die Anzahl von Anlagen zur Kraft-Wärme-Kopplung soll erheblich verstärkt werden.

Als nächstes wichtiges Etappenziel in Richtung der nachhaltigen Energienutzung ist die Minderung der CO_2-Emissionen um 30 % bis 2020 gegenüber dem Jahr 1990 zu betrachten.

Momentan wird die Bepreisung von CO_2 diskutiert. Die CO_2-Steuer, auch „CO_2-Abgabe", ist eine Umweltsteuer auf Kohlendioxid und andere Treibhausgase. Fossile Energieträger sollen dabei mit höheren Preisen belegt werden, um Unternehmen und Verbraucher, die CO_2-Emissionen verursachen, zu sensibilisieren und stärker in die Pflicht zu nehmen. Das Ziel ist, dadurch die Emission von Treibhausgasen und die daraus resultierende globale Erwärmung zu reduzieren. Eine solche CO_2-Abgabe wäre ein sinnvolles Steuerungselement, weil dadurch marktwirtschaftlich die höchsten Emissionseinsparungen zu erzielen sind.

7.4   Diagramm zur Umweltbilanzierung des Beispielgebäudes

Das Diagramm in Abb. 7.3 verdeutlicht die Einsparungen an CO_2, die durch die einzelnen Sanierungsmaßnahmen zu erwarten sind. Die Rechnung hierbei lautet:

Energieverbrauch in kWh/(m²/a) $\cdot$ Emissionsfaktor in kg CO_2/kWh Endenergie = CO_2-Emissionen in kg CO_2/(m² a)

Beispiel: Der Energieverbrauch beträgt 166 kWh/(m²a). Multipliziert mit 0,247 kg CO_2/kWh Erdgas ergibt eine CO_2-Emission von 41,0 kg/(m²a).

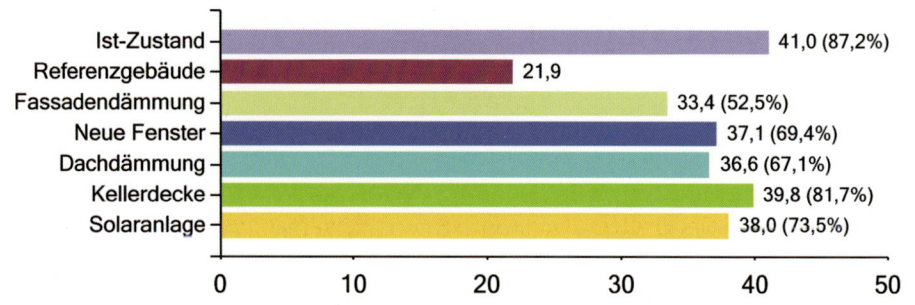

Abb. 7.3: Diagramm zur Umweltbilanzierung: spezifische CO_2-Emissionen in kg/(m²a) des Beispielgebäudes nach einzelnen Sanierungsmaßnahmen

8 Berichterstellung

8.1 Mindestanforderungen an eine Vor-Ort-Beratung

Das BAFA stellt bestimmte Anforderungen an den Beratungsbericht einer Vor-Ort-Energieberatung. Nur wenn diese eingehalten werden, ist die Energieberatung zuschussfähig.

Der Beratungsbericht sollte so abgefasst werden, dass der Beratungsempfänger, der in der Regel ein Laie ist, die Feststellungen und Empfehlungen ohne Weiteres verstehen kann. Der Aufbau des Beratungsberichts muss daher übersichtlich und logisch strukturiert, die Darstellung der einzelnen Punkte und die Maßnahmenvorschläge müssen für den Beratungsempfänger verständlich und nachvollziehbar sein.

Beginnen sollte der Beratungsbericht mit einer fotografischen Darstellung aller Gebäudeaußenflächen sowie einer textlichen Beschreibung des Gebäudes und seiner baulichen und anlagentechnischen Besonderheiten.

Öffentliche Fördermöglichkeiten sind bei der Berechnung der Wirtschaftlichkeit zu berücksichtigen. Als Mindestniveau ist hierfür ein förderfähiges KfW-Effizienzhaus anzusehen. Zusätzlich sind Möglichkeiten zum Einsatz erneuerbarer Energien bei der Energieversorgung des Gebäudes heranzuziehen.

Das entsprechende Sanierungskonzept ist ungeachtet der Tatsache zu erstellen, ob der Beratungsempfänger aktuell an einer entsprechenden Umsetzung Interesse zeigt.

8.1.1 Daten zum Ist-Zustand von Gebäude und Heizung

Bei der Darstellung und Auswertung des energietechnischen Ist-Zustands mit Auflistung der wesentlichen Schwachstellen sind mindestens die folgenden heiztechnischen und Gebäudedaten zu berücksichtigen und in den Bericht aufzunehmen.

Grunddaten

- Fotografien aller Gebäudeansichten,
- Lage, Bauweise, Baujahr, Nutzung,
- Zahl der Wohneinheiten und Bewohner,
- beheizbare Gebäudenutzfläche, -volumen und wärmeübertragende Umfassungsfläche,
- Zustand und Aufbau der thermischen Hülle,
- bauliche Besonderheiten,
- wesentliche wärmetechnische Investitionen, die bisher getätigt wurden,
- Wärmebrücken, objektbezogen,
- Lüftungswärmeverluste, objektbezogen,
- ggf. Planungs- und Ausführungsmängel, objektbezogen.

Wärmeschutztechnische Einstufung der thermischen Gebäudehülle anhand der U-Werte der Bauteile mit Angabe der Bauteilflächen

Hierfür sind nach anerkannten Regeln der Technik oder in Anlehnung an die Berechnungsverfahren der jeweils geltenden energiesparrechtlichen Bestimmungen alle für mögliche wärmeschutztechnische Verbesserungsmaßnahmen wesentlichen Daten zu berücksichtigen. Mindestens aber die Daten für folgende wärmeübertragende Bauteile:

- Außenwandflächen,
- Dachflächen,
- Decke unter nicht ausgebautem Dachgeschoss,
- Kellerdecke,
- Fensterflächen und Türen,
- Außenflächen beheizter Dach- und Kellerräume,
- Innenwände zu nicht beheizten Gebäudebereichen,
- offensichtliche Wärmebrücken (z. B. Balkonplatte, Rollladenkästen, Heizkörpernischen, Gebäudeecken),
- offensichtliche Lüftungswärmeverluste (z. B. bei Fenstern, Türen, Rollladenkästen, Heizkörpernischen, ausgebauten Dächern).

Diese Daten müssen bei der Ermittlung des Heizwärmebedarfs (wobei auch solare Energiegewinne berücksichtigt werden sollten) und einer differenzierten, auch auf Teilflächen der Gebäudehülle bezogenen Maßnahmenauswahl zugrunde gelegt werden.

Gebäudevolumen

Bei der Ermittlung des Lüftungswärmebedarfs ist das von den genannten Umfassungsflächen umschlossene Gebäudevolumen zu berücksichtigen.

Heizungsanlage

Grunddaten

- Typ, Baujahr,
- Nennleistung,
- Nutzungsgrad,
- Brennstoffart,
- Beschreibung der Heizungsanlage (Wärmeerzeuger, Abgasanlage, Verteilnetz, Wärmeabgabe-Einrichtungen, Steuerung und Regelung, offensichtliche Schwachstellen),
- bisherige, neue anlagentechnische Investitionen,
- ggf. Planungs-, Ausführungs- und Einstellungsmängel, objektbezogen.

Heizkessel

Es sind alle für mögliche energietechnische Verbesserungsmaßnahmen wesentlichen Daten, mindestens aber die Daten zu berücksichtigen, die im Schornsteinfegerprotokoll (1. BImSchV) enthalten sind.

Energieverbräuche

Über mehrere Heizperioden (zur Mittelwertbildung).

Warmwasserversorgung

- Art und Zustand der Warmwasserbereitung und des Systems,
- Größe des WW-Speichers,
- offensichtliche Schwachstellen.

Die Daten sind – soweit entsprechende Regelungen vorhanden – nach anerkannten Regeln der Technik oder in Anlehnung an die Berechnungsverfahren der jeweils geltenden energiesparrechtlichen Bestimmungen zu ermitteln.

Auf Grundlage dieser Daten ist die Energiebilanz des Ist-Zustandes tabellarisch darzustellen.

Die Daten zum Endenergieverbrauch über die letzten drei Heizperioden sind zur Mittelwertbildung aufzunehmen.

8.1.2 Vorschläge für Energiesparmaßnahmen

Auf der Grundlage der bereits beschriebenen, ermittelten und ausgewerteten Daten muss der Beratungsbericht mindestens folgende Angaben enthalten:

- Vorschläge zur energetischen Verbesserung der Gebäudehülle, zur Minderung der Lüftungswärmeverluste, zu Verbesserungen am Heizungssystem und der Warmwasserbereitung. Die Vorschläge sind als Einzelmaßnahmen sowie als sinnvolle Maßnahmenpakete darzustellen und zu bewerten. In begründeten Fällen sind Alternativen aufzuzeigen. In jedem Fall ist mindestens der Stand der Technik zu berücksichtigen.

- **Auf ggf. bestehende Nachrüstpflichten sowie weitere Anforderungen der EnEV ist im Bericht hinzuweisen.**

- Kosten für die vorgeschlagenen Maßnahmen nach – zum Zeitpunkt der Beratung – marktüblichen Preisen und ggf. unter Berücksichtigung von Eigenleistungen.

- Der Einsatz erneuerbarer Energien ist objektbezogen zu bewerten.

- Es sind Wirtschaftlichkeitsberechnungsverfahren zu wählen, die dem Beratungsempfänger anschaulich die Wirtschaftlichkeit der Einzelmaßnahmen und der Maßnahmenpakete darlegen. Die Darstellung muss es dem Beratungsempfänger erlauben, zu einem späteren Zeitpunkt (z. B. bei veränderten Energiepreisen) die Wirtschaftlichkeit selbstständig neu zu beurteilen.

- Bei der Betrachtung der Wirtschaftlichkeit der Maßnahmen sind zumindest die üblichen Bundesförderprogramme zu berücksichtigen. Stehen Fördermittel des Bundes für die vorgeschlagenen Energiesparmaßnahmen zur Verfügung, ist auf sie unter Nennung des jeweiligen Förderprogramms hinzuweisen.

- Auf die Notwendigkeit eines Lüftungskonzeptes ist hinzuweisen.

- Um auch im Falle einer schrittweise erfolgenden Sanierung die bestmögliche Vorgehensweise zu gewährleisten, ist ergänzend ein dazu passender Maßnahmenfahrplan mit einem Vorschlag für die zeitliche Reihenfolge der Durchführung zu erstellen. Dabei sind Maßnahmen zugrunde zu legen, die nach dem KfW-Programm „Energieeffizient sanieren" förderfähig sind.

8.1.3 Zusammenfassende Darstellungen

Der Beratungsbericht muss eine Gegenüberstellung des Ist-Zustands von Gebäude und Heizungsanlage mit dem Zustand enthalten, wie er sich nach Durchführung der vorgeschlagenen Energiesparmaßnahmen ergeben würde. Die Gegenüberstellung muss mindestens einschließen:

- Hinweis auf die jeweils zu erwartenden Energieeinspar-Effekte im Hinblick auf den sich verändernden Heizenergiebedarf (möglichst auch in grafischer Darstellung).

- Hinweise auf Behaglichkeits- sowie Wertsteigerungen des Gebäudes, sonstige positive Nebeneffekte bei Ausführung der vorgeschlagenen Sanierungsmaßnahmen sowie bestehende **objektbezogene** Nachrüstpflichten nach der jeweils gültigen EnEV.

- Aussagen zur jeweils zu erwartenden Verminderung der Emissionsraten (vorrangig CO_2).

- Gegenüberstellung von Ist-Zustand der thermischen Gebäudehülle und Anlagentechnik und dem Zustand nach Sanierung zum Effizienzhaus sowie nach der Durchführung von Maßnahmen bzw. Maßnahmenkombinationen. Diese Gegenüberstellung muss mindestens einschließen:

  — Aussagen zur jeweils zu erwartenden Energieeinsparung (Endenergiebedarf) auch in grafischer Darstellung,

  — Erklärung des Unterschieds zwischen Endenergiebedarf und individuellem Endenergieverbrauch vor Sanierung und Darlegung der möglichen Auswirkungen auf die tatsächliche Energieeinsparung nach Sanierung.

Der Beratungsbericht muss insgesamt eine schriftliche Zusammenfassung der wichtigsten Ergebnisse in allgemeinverständlicher Form enthalten, möglichst unter zusätzlicher Verwendung grafischer Darstellungen. Ein Hinweis auf die Vorteile einer Baubegleitung ist aufzunehmen.

8.1.4 Persönliches Beratungsgespräch (Abschlussgespräch)

Der Berater sollte das Ergebnis der Vor-Ort-Beratung dem Auftraggeber in einem persönlichen Beratungsgespräch vortragen. Dies ist zwar nicht mehr vorgeschrieben, ist aber dringend zu empfehlen, da der Beratungssuchende in der Regel zu dem Bericht noch Fragen hat.

Beim Gespräch sind insbesondere die aufgezeigten Maßnahmenvorschläge zur Energie- und Heizkostenersparnis wichtig, einschließlich der folgenden Hinweise:

- Umsetzungsmöglichkeiten der öffentlichen Förderprogramme (ggf. Benennung von Ansprechpartnern).

- Berücksichtigung spezieller Fragen des Ratsuchenden, z. B. Erweiterung des Maßnahmenkatalogs, soweit dies im Rahmen der Beratungsabwicklung möglich ist.

- An dieser Stelle lassen sich auch Hinweise geben, wer bei der Umsetzung der Sanierung empfohlen werden kann (Architekt, Fachplaner, Heizung, Sanitär, Lüftung und Elektro, Statiker, Handwerker, Contractoren usw.).

8.2 Individueller Sanierungsfahrplan

Ein Konsortium aus Deutscher Energieagentur, dem Institut für Energie- und Umweltforschung sowie dem Passivhaus Institut erarbeitete 2016 das Instrument „Individueller Sanierungsfahrplan" im Auftrag des Bundesministeriums für Wirtschaft und Energie. Der iSFP wird seit 01.07.2017 in der vom Bund geförderten Gebäudeenergieberatung (BAFA-Förderprogramm „Vor-Ort-Beratung") als Beratungsbericht anerkannt.

Beim iSFP handelt es sich um eine standardisierte Darstellung einer für die energetische Bewertung von Gebäuden entwickelten Methodik, die die Inhalte von Maßnahmen einer Komplettsanierung als auch einer Schritt-für-Schritt-Sanierung von Ein- und Zweifamilienhäusern sowie Mehrfamilienhäusern leicht verständlich und anschaulich darlegt.

8.2.1 Unterstützung für Energieberater

Der iSFP strukturiert den Prozess der Energieberatung systematisch. Grundsätzlich folgt die Methodik dem klassischen Beratungsverlauf wie in den Kapiteln zuvor beschrieben. Energieberatern stehen eine Kurzanleitung, eine Checkliste sowie ein ergänzendes Handbuch zur Verfügung. Diese Materialien sind unter anderem im Fachportal Energieeffizientes Bauen und Sanieren der Bundesstelle für Energieeffizienz erhältlich (www.febs.de).

Das neue Instrument nimmt dem Energieberater das aufwendige Verfassen und Gestalten individueller Ergebnisberichte ab. Stattdessen werden die im Bilanzierungsprogramm eingegebene Daten genutzt und durch weitere Erläuterungen in der Software ergänzt. Die Software des Sanierungsfahrplans, die bereits in die Energieberatungssoftware der verschiedenen Hersteller implementiert ist, ermöglicht, eine pdf-Datei zum Ausdruck zu generieren, sodass die Dokumente bundesweit in einem einheitlichen Design erzeugt werden und so ein Qualitätsstandard für den Ergebnisbericht geschaffen wird.

Die farbliche Darstellung erleichtert dem Hauseigentümer das Verständnis für den energetischen Zustand seines Gebäudes und zeigt die individuellen Möglichkeiten für die energetische Sanierung.

8.2.2 Der iSFP in der Vor-Ort-Beratung

Das Bundesamt für Wirtschaft und Ausfuhrkontrolle (BAFA) fördert im Rahmen von Vor-Ort-Beratungen erstellte iSFP. Durch die Förderung wird der iSFP für Energieberater und Hauseigentümer noch attraktiver. Wie bei den bisherigen Energieberatungsberichten gibt es auch hier die Möglichkeit, die iSFPs nachzubessern. Das Verfahren und die Fördersätze bleiben wie gehabt: Es werden bis zu 60 % der förderfähigen Beratungskosten gezahlt, höchsten 800 Euro für ein Ein- oder Zweifamilienhaus und 1100 Euro für Wohngebäude mit drei und mehr Wohneinheiten. Für Wohnungseigentümergemeinschaften gibt es zusätzlich einen einmaligen Zuschuss von bis zu 500 Euro, wenn der Energieberatungsbericht in Wohnungseigentümergemeinschaften erläutert wird.

8.2.3 Bauherrendokumente

Die Software des Sanierungsfahrplans erzeugt immer zwei Booklets für die Hauseigentümer: „Mein Sanierungsfahrplan" und „Umsetzungshilfe für meine Maßnahmen".

Abb. 8.1: Deckblätter (Beispiel) der Booklets „Sanierungsfahrplan" und „Umsetzungshilfe"

„Mein Sanierungsfahrplan" fasst den iSFP anschaulich auf 7 Seiten zusammen. Hier wird der aktuelle Zustand des Hauses per Fotos und Text dokumentiert und dabei der energetische Zustand deutlich herausgearbeitet. Abschließend werden in diesem Booklet detailliert die nächsten Schritte für die Umsetzung dargestellt und Empfehlungen zum Nutzerverhalten ausgesprochen. Das Herzstück des Dokuments ist die Fahrplanseite: Sie beschreibt übersichtlich den gesamten iSFP samt aller angedachten Maßnahmen, die Änderungen bei den Energiekosten sowie den CO_2-Emissionen.

Die „Umsetzungshilfe für meine Maßnahmen" enthält weiterführende Erläuterungen zu den Maßnahmen(paketen) und zur Kostendarstellung. Durch eigene Texte können die Maßnahmenbeschreibungen ergänzt werden. In der Umsetzungshilfe ist außerdem eine technische Dokumentation integriert, die alle Daten enthält, die für einen BAFA-Förderantrag notwendig sind.

8.2.4   Überarbeitung des iSFP – Ausblick

Nachdem die erste Version des iSFP nun seit über einem Jahren in Benutzung ist (Stand: Juli 2019), werden derzeit Anregungungen, Kritikpunkte und Vorschläge aus der Branche zur Optimierung des Instruments eingearbeitet. Die neuen Softwareupdates werden für das Jahr 2020 erwartet.

Zentraler Punkt der Änderungen ist die Erhöhung der Flexibilität bei der Arbeit mit dem iSFP. Der Energieberater kann in der neuen Version nun an vielen Stellen zusätzliche Seiten anwählen und er erhält so die Möglichkeit, individuelle Erläuterungen ausführlicher einzugeben. Die statischen Texte sollen nun ebenfalls individualisiert werden können. Die Seite mit dem energetischen Zustand des Hauses erhält nun ein zusätzliches Blatt für Erläuterungen. Auf diesem lassen sich Besonderheiten am Gebäude, z. B. mögliche Einschränkungen bei einer Außendämmung aufgrund von Denkmalschutz, aufführen. Der Zielzustand im Booklet „Mein Sanierungsfahrplan" bekommt eine separate Seite, auf der für jede einzelne Sanierungskomponente per Farben und Icons die künftige Effizienz dargestellt wird.

Im Booklet „Mein Sanierungsfahrplan" kommt eine tabellarische Kostenübersicht hinzu. In diese werden detaillierte Investitions- und Sowiesokosten, die möglichen Fördermittel und die Energiekosten im Istzustand sowie die prognostizierten Werte nach der Umsetzung eines Maßnahmenpakets eingetragen. Diese Informationen waren bisher nur auf der Fahrplanseite zu finden und dort auch nur in Kurzform. Im Booklet „Umsetzungshilfe für meine Maßnahmen" wird die Tabelle ebenfalls enthalten sein und der Energieberater kann die Ausführlichkeit der Darstellung selbst bestimmen. Die Höhe der Fördermittel zu den jeweilig herrschenden Rahmenbedingungen sollen in Zahlen dargestellt werden. Sie sind damit für die Eigentümer fassbarer. Bisher war diese Aufbereitung nicht vorgesehen, es wurde nur ein „ggf. möglich" angegeben.

Eine weitere Änderung betrifft die Kostendarstellung bzw. die darin einbezogenen Energiepreise. Die Berechnung der Maßnahmenpakete, die in der Zukunft liegen, geschieht durchgehend auf der Grundlage der jeweils gegenwärtigen Energiepreise. Die Prognostizierung einer eventuellen Preissteigerung soll nun entfallen.

9 Beispiel eines Sanierungsfahrplans

9.1 Deckblatt

Bei dem nachfolgend dargestellten Beispiel handelt es sich um einen individuellen Sanierungsfahrplan (iSFP) für ein Einfamilienhaus.

Abb. 9.1: Titelseite

9.2   Einleitung

Es besteht die Möglichkeit, ein vorgegebenes Standardanschreiben individuell anzupassen (Abbildung 9.2).

Ausgangspunkt für dieses Beratungsprojekt war unter anderem die Intention, dem Erneuerbare-Wärme-Gesetz (EWärmeG) in Baden-Württemberg zu genügen. Dieses schreibt bei einem Kesseltausch den Einsatz von 15 % erneuerbarer Energie vor. Hier war der Wärmeerzeuger bereits erneuert und eine Solaranlage sollte nachgerüstet werden. Diese wird bei einer sinnvollen Größe mit 10 % angerechnet und der Sanierungsfahrplan mit 5 %. Somit sind 15 % erreicht.

IHR SANIERUNGSFAHRPLAN

Sehr geehrte Eheleute Doll,

heute erhalten Sie Ihren persönlichen Sanierungsfahrplan für Ihr Wohnhaus in Weilheim.
Der Sanierungsfahrplan wurde erstellt, da Sie im Zuge des Kesseltauschs und damit
verbundener Investitionen an Ihrer Heizung über weitere sinnvolle Maßnahmen informiert werden
wollten. Unserem Gespräch konnte ich entnehmen, dass Sie vorrangig an dem Sanierungsfahrplan interessiert
sind und mit 5 % das EWärmeG zu erfüllen.
Mit der Entscheidung zur energetischen Sanierung Ihres Zuhauses leisten Sie einen Beitrag zum Einsparen
an Energie und Kohlendioxid-Emissionen. Damit haben Sie einen persönlichen Anteil am Gelingen der
Energiewende.
Koppeln Sie die vorgeschlagenen Effizienzmaßnahmen am besten an die sowieso anfallenden
Modernisierungs- und Instandhaltungsarbeiten, um Kosten zu sparen. So wird der Zustand Ihres Hauses
mit jedem Sanierungspaket aufgewertet, sodass nach Abschluss des Fahrplans ein guter, zukunftsfähiger
energetischer Standard erreicht ist. Die Wohnqualität steigt und der Wohnkomfort und die Behaglichkeit
verbessern sich deutlich.

Mit freundlichen Grüßen

Bernd Söllner
Ingenieurplanung Söllner
Hermann-Löns-Strasse 13
73240 Wendlingen

Beratung erhalten am 17. November 2017.

2

Abb. 9.2: Anschreiben

9.3   Bestandsaufnahme

IHR HAUS HEUTE

Im Rahmen der Vor-Ort-Analyse des Gebäudes wurden die hier dargestellten baulichen Ausgangsbedingungen vorgefunden.

Nordost-Ansicht

Ost-Ansicht

Wintergarten

Nord-Ansicht

Kellerdecke

Gebäudedaten	
Standort	Weilheim
Gebäudetyp	Einfamilienhaus
Baujahr	1981
Wohnfläche	ca. 133,90 m²
Vollgeschosse	1
Keller	ja / teilbeheizt
Dach	beheizt bis OGD
Baujahr Heizung	2017
Bisherige Sanierungen	Einbau Öl-Brennwertkessel Austausch Fensterverglasung
Erneuerbare Energien	

3

Abb. 9.3: Dokumentation des Bestands

9.4   Beurteilung des Energiezustands

Bei der Beurteilung des gegenwärtigen Zustands wird durch die farbliche Gestaltung plakativ auf einen Blick die energetische Situation verdeutlicht. Wobei Grün einen sehr guten, Gelb einen guten und Orange einen befriedigenden Zustand darstellt. Bei Rot ist ein Sanierungsbedarf angezeigt.

Abb. 9.4: Energiezustand des Gebäudes

9.5 Individueller Nutzereinfluss

Nachdem die Nutzungsgewohnheiten eingegeben sind, werden die Energieverbräuche aus der Berechnung automatisch übernommen. Für die Nutzungsempfehlungen werden verschiedene Textbausteine vorgeschlagen, aus denen sich die passenden auswählen lassen.

IHR INDIVIDUELLER NUTZEREINFLUSS

Durch Ihr Verhalten beeinflussen Sie den Energieverbrauch und das Raumklima maßgeblich.

Einflüsse	Ihre Gewohnheiten
Raumtemperatur	bei Anwesenheit 20° C.
Anwesenheit	2 Personen, normale Nutzung, berufstätig.
Art der Raumnutzung	Der Keller wird nicht beheizt, die Waschküche bei Bedarf.
Warmwasser	tägliches Duschen
Lüftungsverhalten	Lüftung durch Stoßlüftung
Berechneter Endenergiebedarf	23.676 kWh/a
Ermittelter Endenergieverbrauch	20.551 kWh/a
Fazit	Um ein besseres Regelverhalten und damit verbundener Energieeinsparung, sollte die Fußbodenheizung nur die Grundlast (16°C) abdecken. Die Raumtemperatur sollte über die Konvektoren erreicht werden.

NUTZUNGSEMPFEHLUNGEN FÜR SIE

Eine sofortige Energieeinsparung können Sie durch ein bewusstes Nutzerverhalten erreichen.

- ☐ Lüften Sie in den kalten Jahreszeiten lieber nur mit kurzen Stoßlüftungen. Wenn Ihre Fenster länger in der Kippstellung sind, steigen Ihre Heizkosten und es besteht die Gefahr, dass sich an den Fensterstürzen Schimmel bildet.

- ☐ Beim Lüften sollten Sie die Thermostatventile am Heizkörper zudrehen. Die einströmende kalte Außenluft bewirkt sonst, dass sich das Ventil selbstständig öffnet und unnötig Wärme nach außen dringt.

- ☐ Achten Sie beim Stoßlüften auf die Innentüren. Wenn Sie beispielsweise morgens die Schlafräume lüften, können die Innentüren offen bleiben. Der Luftwechsel wird dann wesentlich größer, vor allem bei weit geöffneten Fenstern. Wenn Sie hingegen Bad und Küche wegen kurzzeitiger hoher Luftfeuchtigkeit lüften, sollten die Innentüren geschlossen bleiben.

- ☐ Heizkörper nicht durch Vorhänge oder Verkleidungen verdecken oder mit Möbeln zustellen.

- ☐ Dichten Sie undichte Fenster ab – auch wenn sie ohnehin ausgetauscht werden sollen.

- ☐ Eine Absenkung der Raumtemperatur bei Abwesenheit und innerhalb der Nachtstunden hilft beim Energiesparen. Moderne Heizsysteme verfügen über eine Zeitsteuerung, an der Tag- und Nachtzeiten eingestellt werden können.

5

Abb. 9.5: Nutzergewohnheiten und Empfehlungen

9.6   Hinweise zur Sanierung

Für die allgemeinen Empfehlungen zur Sanierung kann der Berater erneut aus verschiedenen Textbausteinen die passenden auswählen und zusammenstellen.

IHRE NÄCHSTEN SCHRITTE

SO STARTEN SIE IHRE SANIERUNG

- Bereiten Sie auf der Grundlage Ihres Sanierungsfahrplans die jeweiligen Sanierungsschritte gut vor. Im Teil „Umsetzungshilfe für meine Maßnahmen" finden Sie Erläuterungen und Hinweise zu jeder empfohlenen Effizienzmaßnahme.

- Bei einigen Maßnahmen finden Sie die Empfehlung für eine genauere Analyse eines Bauteils oder sogar für eine umfassende gebäudetechnische Analyse. Beauftragen Sie dafür vor der Ausführung von Maßnahmen entsprechende Fachplaner.

- Es gibt verschiedene bundesweite und regionale Förderprogramme. Gerne unterstütze ich Sie bei der Beantragung von Fördermitteln. Für die Beantragung einer KfW-Förderung ist die Einbindung eines gelisteten Energieeffizienz-Experten zwingend erforderlich.

- Sprechen Sie bei Bedarf mit Ihrer Hausbank über ein günstiges Finanzierungsdarlehen. Eine für das Bankgespräch hilfreiche Übersicht finden Sie in der Umsetzungshilfe auf der Seite „Informationen auf einen Blick".

- Um den richtigen Handwerksbetrieb auszuwählen, sollten Sie für alle Bauleistungen mehrere Angebote einholen und vergleichen. Die Angebote sollten die geplanten Maßnahmen sowie Menge, Fabrikat und Merkmale des Baumaterials enthalten. Dabei sollten Sie den Firmen die exakte Materialstärke und -qualität mitteilen. Konkrete Angaben dazu finden Sie in Ihrer Umsetzungshilfe.

- Ich unterstütze Sie gerne bei der Baubegleitung. Diese wird in vielen Fällen gefördert: Die KfW übernimmt 50 Prozent der Kosten, maximal 4.000 Euro. Bei der Baubegleitung wird die Baustelle mehrmals kontrolliert und der Baufortschritt dokumentiert.

- Der Abschluss der Arbeiten sollte in einem Abnahmeprotokoll festgehalten werden. Darin wird die auftragsgemäße Umsetzung in der vereinbarten Qualität bestätigt. Darüber hinaus werden eventuelle Mängel und fehlerhafte Produkte benannt und Fristen für deren Beseitigung und Nachbesserung vereinbart.

- Ich empfehle Ihnen, nach der Sanierung Ihren Energieverbrauch zu beobachten. Denn wer die eigenen Verbrauchsgewohnheiten kennt, weiß, wodurch Energie verbraucht wird, und schafft so die Voraussetzung für neue Energiesparerfolge

EINBINDUNG WEITERER PLANER UND SACHVERSTÄNDIGER

Der vorliegende Sanierungsfahrplan ist das Ergebnis Ihrer Energieberatung und ersetzt keine Ausführungsplanung. Bevor die Bauarbeiten zur Umsetzung der Maßnahmen beginnen, sollten Sie die Bauteile auf Schäden und Nutzbarkeit kontrollieren lassen.

6

Abb. 9.6: Empfehlungen zur Sanierung

9.7 Maßnahmen

Farblich sehr anschaulich werden nun die einzelnen Sanierungsschritte dargestellt und mit Texten versehen, die selbst formuliert werden können. Die Farbgebung versteht sich additiv, also aufeinander aufbauend, sodass mit dem dritten Sanierungsschritt ein guter (gelber) energetischer Zustand erreicht wird. Die Werte hierfür wie auch die des Ist-Zustandes werden wiederum automatisch aus der Berechnung generiert. Der Energieberater trägt nachfolgend die Sanierungskosten und auch die Wartungskosten ein. Letztere können auf Grund der Programmvorgabe leider nicht weggelassen werden, obwohl nicht immer Wartungskosten anfallen. Anschließend werden die jetzigen Energiekosten mit denen nach der Sanierung verglichen. Eine Angabe der Energie- und Energiekosteneinsparungen einzelner Sanierungsschritte sowie eine Amortisationsberechnung sind in dieser Version des iSFP (Stand: Juli 2019) nicht vorgesehen.

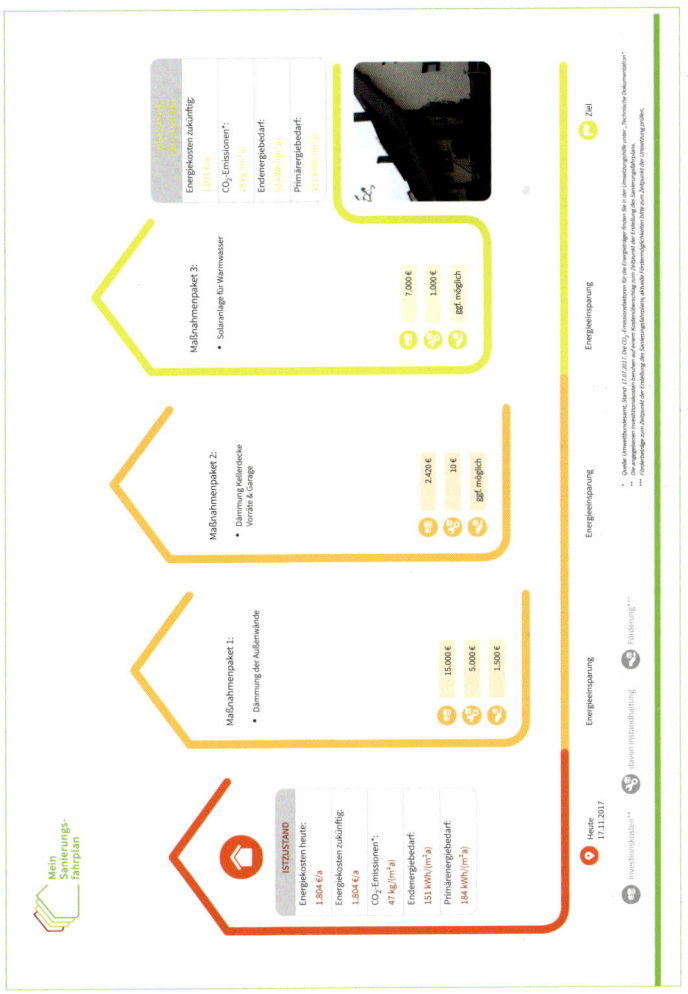

Abb. 9.7: Darstellung der Sanierungsmöglichkeiten

9.8   Erläuterungen

Zum Schluss werden die Begrifflichkeiten erläutert und die angenommenen Kosten der Energieträger dargestellt.

ERLÄUTERUNGEN ZU IHREM SANIERUNGSFAHRPLAN

ENDENERGIEBEDARF

Der Endenergiebedarf ist die berechnete Energiemenge, die der Anlagentechnik (Heizung, Warmwasser, Lüftung) zur Verfügung gestellt werden muss, um die festgelegte Rauminnentemperatur und die Erwärmung des Warmwassers sicherzustellen, inklusive der für den Betrieb der Anlagentechnik benötigten Hilfsenergie. Er beinhaltet auch die Energieverluste durch Erzeugung, Verteilung, Speicherung und Übergabe im Gebäude.

PRIMÄRENERGIEBEDARF

Der Primärenergiebedarf berücksichtigt neben dem Endenergiebedarf des Gebäudes auch den Energieaufwand für die vorgelagerten Prozessketten außerhalb des Gebäudes. Dazu gehören die Gewinnung, Aufbereitung, Umwandlung und Verteilung der jeweils eingesetzten Brennstoffe.

GEBÄUDENUTZFLÄCHE A_N

Gemäß Energieeinsparverordnung rechnerisch abgeleitete Fläche aus dem beheizten Gebäudevolumen. Sie dient im öffentlich-rechtlichen Nachweis als Bezugsfläche (auch Energiebezugsfläche) u.a. für End- und Primärenergiebedarf. Die im Sanierungsfahrplan gemachten Angaben zu Bedarfen, Kosten und CO_2-Emissionen beziehen sich auf die Gebäudenutzfläche.

WOHNFLÄCHE

Die Wohnfläche entspricht den Angaben des Eigentümers und wurde für diesen Sanierungsfahrplan nicht gemäß Wohnflächenverordnung oder anderen Rechtsvorschriften neu ermittelt.

ENERGIEKOSTEN

„Energiekosten heute" beruhen auf dem Abgleich des berechneten Endenergiebedarfs mit dem individuellen Nutzerverhalten und den Klimafaktoren. Es wurden Ihre heutigen Energiepreise bzw. ein derzeit üblicher Energiepreis zu Grunde gelegt.

Energieträger	Hilfsstrom	Heizöl EL	Energieträger 2	Energieträger 3
Grundpreis heute (brutto)	-	-	-	-
Arbeitspreis heute (brutto)*	20,00 Cent/kWh	6,00 Cent/kWh	-	-

* Der Arbeitspreis bezieht sich auf den Heizwert.

„Energiekosten zukünftig" beruhen auf dem Abgleich des berechneten Endenergiebedarfs mit dem zu erwartenden Nutzerverhalten. Für die Energiekosten wird der prognostizierte Energiepreis des jeweiligen Energieträgers für 2030 angenommen (Quelle: „Hintergrundpapier zur Energieeffizienzstrategie Gebäude" der Bundesstelle für Energieeffizienz 12/2015).

EINORDNUNG DER ENERGETISCHEN GESAMTBEWERTUNG DES HAUSES AUF DER FARBSKALA

q_p in kWh/(m²a)	Beschreibung
≤ 30	fortschrittlicher Standard
≤ 60	gesetzliche Anforderung an Neubauten
≤ 90	gesetzliche Anforderung an Neubauten Stand 2002/2009
≤ 130	teilsaniertes Gebäude
≤ 180	teilsaniertes Gebäude oder unsaniertes Gebäude
≤ 230	teilsaniertes Gebäude oder unsaniertes Gebäude
> 230	teilsaniertes Gebäude oder unsaniertes Gebäude

Abb. 9.8: Erläuterungen zum Sanierungsfahrplan

9.9   Umsetzungshilfe

Die „Umsetzungshilfe für meine Maßnahmen" enthält weiterführende Erläuterungen zu den Maßnahmen(paketen) und zur Kostendarstellung. Durch eigene Skizzen oder Prinzipskizzen aus der Software können z. B. Besonderheiten an Schnittstellen von Bauteilen illustriert und der Text ergänzt werden. In der Umsetzungshilfe ist außerdem eine technische Dokumentation integriert, die alle Daten enthält, die für einen BAFA-Förderantrag notwendig sind.

Abb. 9.9: Deckblatt der Umsetzungshilfe

9.10 Maßnahmenpakete

Die Empfehlungen sollten möglichst zu einer energetischen Bewertung jener Komponente führen, die der besten, also dunkelgrünen Farbklasse entspricht. Bezogen auf die Heizungstechnik bedeutet das Bestmöglich-Prinzip, dass der Anteil klimaschonender Wärmesysteme, insbesondere der erneuerbaren Energieträger, deutlich zu steigern ist.

Abb. 9.10: Beispiel einer Maßnahme

Wenn dies nicht möglich ist, kann der Standard abgesenkt werden. Unterhalb des Niveaus von KfW-förderfähigen Einzelmaßnahmen (zweitbeste Farbklasse) muss der Energieberater diese Abweichung sachlich erläutern.

Merkmal der Schritt-für-Schritt-Sanierung mithilfe des individuellen Sanierungsfahrplans ist die Bildung von Paketen aus einzelnen Sanierungsmaßnahmen, die sinnvollerweise gemeinsam durchgeführt werden. Jedoch lässt die Software dies nicht immer in der gewünschten Art und Weise zu.

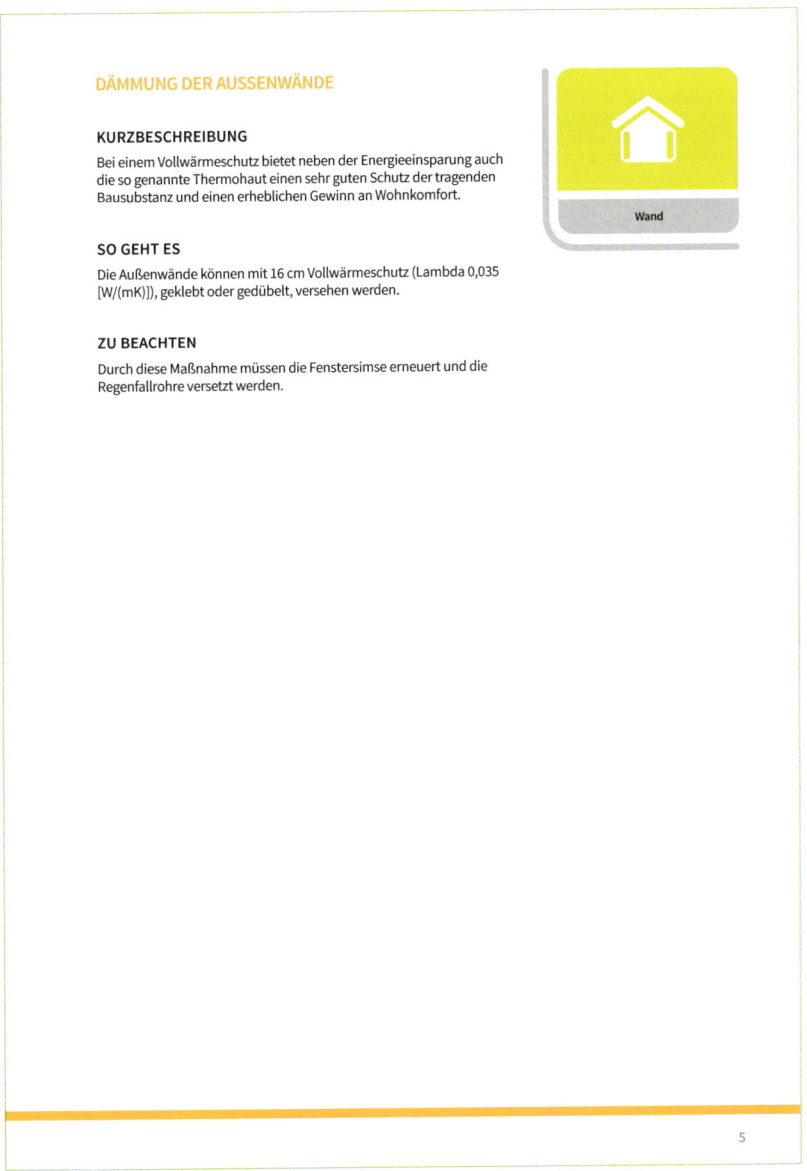

Abb. 9.11: Beschreibung der Maßnahme

9.11 Qualitätssicherung und Optimierung

In diesem Arbeitsschritt werden jene Aspekte angesprochen, auf die bei einer Sanierung besonderer Wert gelegt werden sollte.

QUALITÄTSSICHERUNG & OPTIMIERUNG

QUALITÄTSSICHERUNG

Die energetische Sanierung stellt einen sehr komplexen Eingriff in die Bausubstanz und in das Nutzerverhalten dar. Deshalb sollte die Umsetzung sorgfältig im Rahmen der Baubegleitung überwacht werden. Die Baubegleitung wird meist von der KfW gefördert (Programm-Nr. 431). Um die Qualität der ausgeführten Arbeiten sicherzustellen, ist die Beauftragung von Fachfirmen sinnvoll.

Zu den Maßnahmen der Qualitätssicherung zählen Mess- und Nachweismethoden, z. B. Luftdichtheitsmessungen, Gebäudethermografie, Wärmebrückenberechnungen. Maßnahmen zur Qualitätssicherung sollten bereits vor Ausführungsbeginn geplant werden. Bei der Planung und Abstimmung der verschiedenen Maßnahmen mit den einzelnen Fachfirmen kann ich Sie gerne unterstützen.

WÄRMEBRÜCKEN

Eine Wärmebrücke ist ein begrenzter Bereich im Bauteil eines Gebäudes, durch den die Wärme schneller nach außen transportiert wird als im unmittelbar angrenzenden Bereich. Wärmebrücken sind an jedem Gebäude aufgrund der geometrischen Gegebenheiten oder unterschiedlicher Baustoffe vorhanden. Im Altbau sorgen sie für höhere Wärmeverluste und geringere Innenoberflächentemperaturen. Folgen können bis hin zur Schimmelpilzbildung reichen, die zu gesundheitlichen Beeinträchtigungen führen kann. Auch konstruktive Schäden wie die Zerstörung von Holzbalken sind möglich. Deshalb sollten Wärmebrücken möglichst vermieden bzw. mit geeigneten Maßnahmen reduziert werden. Das heißt, dass bei jedem Sanierungsschritt die Wärmebrücken optimiert werden sollten. Zusätzlich müssen die Anschlüsse an künftig zu sanierende Bauteile so vorgerüstet werden, dass auch bei deren Sanierung ein wärmebrückenarmer Anschluss hergestellt werden kann. Um das zu gewährleisten, sind eine detaillierte Fachplanung und sorgfältige Umsetzung der relevanten Anschlüsse notwendig.

LUFTDICHTHEIT

Die Wärmeschutzmaßnahmen am und im Gebäude sind lückenlos und dauerhaft luftundurchlässig auszuführen, damit durch das Wohnen erzeugte Feuchte nicht in die Baukonstruktion eindringen kann. Dies betrifft insbesondere Anschlüsse zwischen den Bauteilen und die Ausbildung der luftdichten Ebene. Eine Herausforderung im Altbau stellen die Holzbalkendecken der Geschossdecken und die Holzkonstruktion im Dachbereich dar. Um die Gebäudeluftdichtheit zu erreichen, ist bereits in der Planungsphase ein Konzept von einem Fachplaner zu erstellen. Damit kann erreicht werden, dass Schnittstellen zwischen den Gewerken besser funktionieren und an später nicht mehr zugänglichen Stellen ein fachgerechter Anschluss erfolgen kann. Diese Qualitätssicherungsmaßnahme macht sich auch als Einsparung durch verminderte Leckagen beim Heizwärmebedarf bemerkbar. Durch die verbesserte Luftdichtheit des Hauses muss auf ausreichende Lüftung geachtet werden. Die Mindestanforderungen enthält das Lüftungskonzept.

Tipp

✓ *Lüftungskonzept vor Maßnahmenbeginn erstellen lassen. Das erspart eventuelle Nacharbeiten oder Korrekturen.*

✓ *Nach Abschluss von Maßnahmen an der Gebäudehülle sollten verbleibende Undichtigkeiten mithilfe eines Abluftgebläses gesucht und anschließend abgedichtet werden. Die luftdichte Schicht muss zu diesem Zeitpunkt noch zugänglich sein, damit gegebenenfalls noch Undichtheiten behoben werden können.*

16

Abb. 9.12: Qualitätssicherung und Optimierung

9.12   Heizungsoptimierung

Im Abschnitt „Heizungsoptimierung" wird zusammengefasst, worauf genau bei einer Heizungs-sanierung geachtet werden sollte.

HEIZUNGSOPTIMIERUNG

Unter dem Begriff Heizungsoptimierung werden eine Reihe von Maß-nahmen zusammengefasst, die zum einen zur Effizienzsteigerung führen und zum anderen die Energieverluste im Anlagensystem mindern helfen.

Maßnahmen zur Anlagenoptimierung gliedern sich in Bereiche, die ausschließlich dem Heizungsfachmann überlassen werden sollten, bieten aber auch ausreichend Möglichkeit für Eigenleistungen wie z. B. dämmen von Rohrleitungen.

Als Maßnahmen zur Optimierung der Heizungsanlage zählen:

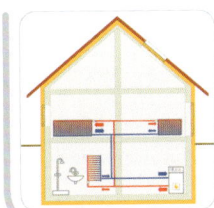

Prinzipskizze: Hydraulisch abgeglichenes Heizungssystem

- ✔ Einbau hocheffizienter Heizkreispumpen
- ✔ Dämmung der Rohrleitungen
- ✔ Einstellung des Wärmeerzeugers auf neue Heizlast
- ✔ Einbau voreinstellbarer Thermostatventile
- ✔ Durchführung eines hydraulischen Abgleichs

EINBAU HOCHEFFIZIENTER PUMPEN

Der Austausch alter, ungeregelter Umwälzpumpen gegen hocheffiziente, selbstregelnde Pumpen sollte fester Bestandteil von Optimierungsmaßnahmen am Heizsystem sein. Gleichzeitig stellen die Effizienzpumpen einen wichtigen Baustein und die Voraussetzung für den hydraulischen Abgleich des gesamten Anlagensystems dar.

DÄMMUNG DER ROHRLEITUNGEN

Große Wärmeverluste entstehen über ungedämmte Rohrleitungen im Heizungs- und Warmwassersystem. Deshalb sollten diese vollständig mit Dämmung ummantelt werden, dabei sind auch Armaturen und Pumpen einzubeziehen.

HYDRAULISCHER ABGLEICH

Mit dem hydraulischen Abgleich ist es möglich, die unterschiedlichen Strömungsverhältnisse im Heizsystem so zu verbessern, dass jeder Heizkörper im System eine ausreichende Wassermenge mit der notwendigen Vorlauftemperatur zur Beheizung der Räume zur Verfügung bekommt. Der hydraulische Abgleich wird vom Heizungsfachmann ausgeführt. Vor der Einstellung der Heizung ist eine Berechnung der Raumheizlast erforderlich. Anhand der Berechnungsergebnisse kann der Fachmann die erforderlichen voreinstellbaren Thermostatventile auswählen und die dazugehörigen Einstellungen festlegen und vornehmen.

EINSTELLEN AUF NEUE HEIZLAST

Die Heizlast ist diejenige technische Größe, mit der in den Räumen Heizkörper dimensioniert werden und die für das Gesamtgebäude die Kesselleistung bestimmt. Wärmeerzeuger werden mit einer Leistung, die der künftigen Heizlast entspricht, im Gebäude installiert. Deshalb sollte vor Einbau eines Heizkessels die Heizlast des Gebäudes ermittelt werden. In Verbindung mit der Heizlast stehen auch die Systemtemperaturen auf dem Prüfstand. Eine Absenkung der Vorlauftemperatur erschließt große Einsparpotenziale. Bei der schrittweisen energetischen Sanierung sollte nach Umsetzung von Maßnahmen an der Gebäudehülle geprüft werden, ob eine Absenkung der Vorlauftemperatur durchgeführt werden kann ohne auf eine komfortable Raumtemperatur zu verzichten.

17

Abb. 9.13: Heizungsoptimierung

9.13 Kostendarstellung

Neben den einmaligen Investitionskosten für die Instandhaltung und Energieeffizienzmaßnahmen werden die laufenden Betriebs-, Wartungs- und Energiekosten aufgeführt. Sie werden zusammengefasst als durchschnittliche Kosten über den Betrachtungszeitraum von 20 Jahren und in jährliche Kosten (sogenannte annuitätische Kosten) umgerechnet.

KOSTENDARSTELLUNG

Neben den positiven Auswirkungen auf Wohnraum und -klima werden an eine energetische Sanierung auch wirtschaftliche Ansprüche gestellt. Im Sanierungsfahrplan erfolgt die Kostendarstellung anhand von jährlichen Gesamtkosten für die Wärmeversorgung des Gebäudes. Die Gesamtsanierung (mit und ohne Förderung) wird dabei mit einer reinen Instandhaltungsvariante verglichen. Für die Darstellung der „Gesamtsanierung mit Förderung" wurde ein Förderzuschuss abgezogen, der bei einer Komplettsanierung auf Effizienzhausniveau in einem Zug zum heutigen Zeitpunkt möglich wäre. Bei der Auswertung des Diagramms gilt jedoch zu berücksichtigen, dass auf Grund der Unsicherheit zukünftiger Kostenentwicklungen Varianten mit geringen Differenzen von ca. 5-10 % in den Gesamtkosten als gleichwertig angesehen werden sollten. Die nachstehende Grafik zeigt die jährlichen Kosten Ihres Sanierungsfahrplans.

JÄHRLICHE GESAMTKOSTEN ALLER MASSNAHMENPAKETE IN EURO

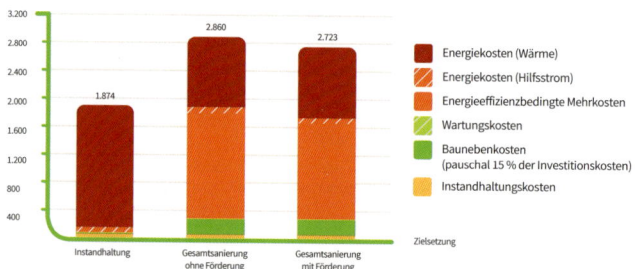

Die annuitätische Gesamtkostendarstellung rechnet über einen Betrachtungszeitraum von 20 Jahren die Kosten Ihres Sanierungsvorhabens in gleichgroße jährliche Kosten (Annuität) um und ist somit von der Ausdrucksweise vergleichbar mit einer jährlichen Rate eines 20-jährigen Bankdarlehens. Aus Vereinfachungsgründen wurden über den Zeitraum des Sanierungsfahrplans einmalig anfallende Investitionskosten für Instandhaltung, Energieeffizienz und Baunebenkosten auf den heutigen Zeitpunkt bezogen und mittels des Annuitätenfaktors umgerechnet. Es wurde keine allgemeine Teuerungsrate berücksichtigt. Ab dem 21. Jahr, wenn die Sanierung „abbezahlt" ist, bleiben die geringen, jährlichen Kosten für Wartung und Energie, die für die annuitätische Kostendarstellung nicht weiter umgerechnet werden müssen. Das neue Wohlfühlklima genießen Sie hingegen schon ab Maßnahmenumsetzung und auf unbestimmte Zeit.

Im Sanierungsfahrplan wird für die Energiepreisentwicklung eine Prognose basierend auf dem „Hintergrundpapier zur Energieeffizienzstrategie Gebäude" der Bundesstelle für Energieeffizienz vom 01.12.2015 verwendet. Für jeden Brennstoff wurden dabei Preissteigerungen abgeleitet, die einen Mix aus Arbeitspreis und Grundpreis für einen typischen Verbraucher darstellen. Ihre verbrauchsangepassten Energiekosten für Wärme wurden mit den Preisen für 2030 berechnet, da diese etwa dem langjährigen Mittelwert der nächsten 20 Jahre entsprechen (vgl. Tabelle).

Die angenommenen Rahmenbedingungen sind:

Betrachtungszeitraum	20 Jahre
Angenommener Darlehenzins	2 %
Zukünftiger Energiepreis Hilfsstrom	20,00 Cent/kWh Tatsächlicher Heizölpreis
Zukünftiger Energiepreis Heizöl EL	6,00 Cent/kWh Tatsächlicher Heizölpreis
Zukünftiger Energiepreis Heizöl EL	6,00 Cent/kWh Tatsächlicher Heizölpreis

18

Abb. 9.14: Kostendarstellung

9.14   Zusammenfassung

In der Zusammenfassung werden alle wichtigen Informationen in einem Überblick dargestellt.

INFORMATIONEN AUF EINEN BLICK

ANGABEN ZUM GEBÄUDE

Gebäudemerkmal	Individuelle Angaben
Haustyp	Einfamilienhaus
Bauweise	Massivbauweise
Keller	ja / teilbeheizt
geschätzte Wohnfläche	134 m²
Lage	einseitig angebautes Einfamilienhaus, Siedlungsgebiet
Baujahr	1981
Objektzustand	gepflegt
Dachform	Satteldach
Heizungsart / Energieträger	Brennwert-Kessel Heizöl EL

KOSTENÜBERSCHLAG

	Investitionskosten*	Davon Instand- haltungskosten	Förderung**
Maßnahmenpaket 1 – Dämmung der Außenwände	15.000 €	5.000 €	1.500 €
Maßnahmenpaket 2 – Dämmung Kellerdecke Vorräte & Garage	2.420 €	10 €	ggf. möglich ***
Maßnahmenpaket 3 – Solaranlage für Warmwasser	7.000 €	1.000 €	ggf. möglich ***
Gesamt	24.420 €	6.010 €	

*   Die angegebenen Investitionskosten beruhen auf einem Kostenüberschlag zum Zeitpunkt der Erstellung des Sanierungsfahrplans. Es handelt sich hierbei nicht um eine Kostenermittlung nach DIN 276. Zu den tatsächlichen Ausführungskosten können Abweichungen auftreten. Vor Ausführung sind konkrete Angebote von Fachfirmen einzuholen.

**   Förderbeträge: 11/2017
Förderzuschuss aus dem Förderprogramm des Bundes: KfW Energieeffizient Sanieren - Einzelmaßnahmen
BAFA Marktanreizprogramm

Förderung für:
Für die Antragstellung ist ein Sachverständiger aus der Energieeffizienz-Expertenliste für Förderprogramme des Bundes einzubinden.

***   Im Fall einer Schritt-für-Schritt-Sanierung lässt sich die Förderung nicht verlässlich für die Zukunft betrachten, weshalb hier nur die Fördersummefür das 1. Maßnahmenpaket dargestellt ist. Für die anderen Maßnahmenpakete sind die aktuellen Förderbedingungen zum Zeitpunkt der Umsetzung zu erfragen.

19

Abb. 9.15: Zusammenfassung

TECHNISCHE DOKUMENTATION

Bauteile der thermischen Hülle im Istzustand	
Bauteil	**Beschreibung**
Keller / unterer Gebäudeabsschluss	Die Kellerräume sind beheizbar.
Kellerabgang	Das Treppenhaus ist beheizbar.
Wände	Die Außenwände wurden mit Bisotherm Steinen gemauert.
Fenster	Die Fenster wurden in letzter Zeit umgebaut. Dazu wurde das alte Glas durch Wärmeschutzverglasung ersetzt.
Dach / oberer Gebäudeabschluss	Das Dach und die oberste Geschossdecke sind schon isoliert.
Anlagentechnik im Istzustand	
Heizung	Der Brennwertkessel wurde aktuell erst installiert.
Wärmeverteilung	Die Wärmeverteilung ist gedämmt.
Warmwasser	Das Warmwasser wird elektrisch aufgeheizt.
Lüftung	Keine Lüftungsanlage vorhanden.

20

Abb. 9.16: Technische Dokumentation

Bei der Darstellung der Kennwerte kann derzeit leider nur ein Maßnahmenpaket ausgewählt werden. Das ist besonders deshalb ärgerlich, weil bereits bei der Zusammenstellung der Maßnahmenpakete die Kombinationsmöglichkeiten eingeschränkt sind.

KENNWERTE MASSNAHMENPAKET 1 UND ZIELZUSTAND

Kenngrößen allgemein			ISTZUSTAND	Maßnahmenpaket 1	ZIELZUSTAND (Abschluss Maßnahmenpaket 3)
Anzahl Wohneinheiten	WE	-	1	1	1
thermische Hüllfläche	A	m²	371,4	371,4	371,4
Gebäudenutzfläche	A_N	m²	157,0	157,0	157,0
beheiztes Bruttovolumen	V_e	m³	490,8	490,8	490,8
Kompaktheit	A/V_e	m⁻¹	0,76	0,76	0,76
spez. Jahres - Primärenergiebedarf	q_p	kWh/(m²a)	184,0	137,0	110,5
Einsparung spez. Primärenergie	Δq_p	%	-	26 %	40 %
EnEV Anforderungswert für Neubau	q_p,EnEV,NB	kWh/(m²a)	60,2	60,2	60,2
EnEV Anforderungswert für Modernisierung	q_p,EnEV,MOD	kWh/(m²a)	112,5	112,5	112,5
spez. Transmissionswärmeverlust	H'_T	W/(m²K)	0,693	0,423	0,407
EnEV Anforderungswert für Neubau	H'_T,EnEV,NB	W/(m²K)	0,450	0,450	0,450
EnEV Anforderungswert für Modernisierung	H'_T,EnEV,MOD	W/(m²K)	0,630	0,630	0,630
spez. Endenergiebedarf	q_E	kWh/(m²a)	150,8	108,3	92,7
Einsparung spez. Endenergie	Δq_E	%	-	28 %	39 %
spez. Heizwärmebedarf	q_H	kWh/(m²a)	113,1	69,9	67,5
Kohlendioxid - Emissionen	CO_2	t/a	47,2	35,7	28,0
Einsparung spez. Kohlendioxid-Emissionen	ΔCO_2	%	-	24 %	41 %
Luftdichtheit	n_50	h⁻¹	4,00	4,00	4,00
Wärmebrückenzuschlag	ΔU_WB	W/(m²K)	0,000	0,000	0,000
Kenngrößen Gebäudehülle					
Dach / oberer Abschluss Fläche	A_D	m²	116,3	116,3	116,3
Dach / oberer Abschluss U-Wert	U_D	W/(m²K)	0,29	0,29	0,29
Schrägdach / OGD / Flachdach - U-Wert Anforderung EnEV	U_D,OGD,EnEV	W/(m²K)	0,24 / 0,30 / -	0,24 / 0,30 / -	0,24 / 0,30 / -
Schrägdach / OGD / Flachdach - U-Wert Anforderung KfW	U_D,OGD,KfW	W/(m²K)	0,14 / - / -	0,14 / - / -	0,14 / - / -
Außenwand Fläche	A_AW	m²	104,6	104,6	104,6
Außenwand U-Wert	U_AW	W/(m²K)	1,25	0,29	0,29
Außenwand - mittl. U-Wert Anforderungen EnEV	U_m,AW,EnEV	W/(m²K)	0,24	0,24	0,24
Außenwand - mittl. U-Wert Anforderungen KfW	U_m,AW,KfW	W/(m²K)	0,20	0,20	0,20
Wände gegen Erdreich / Unbeheizt EnEV	U_AWE,da,AWU,h,EnEV	W/(m²K)	0,30	0,30	0,30
Wände gegen Erdreich / Unbeheizt KfW	U_AWE,da,AWU,h,KfW	W/(m²K)	0,25	0,25	0,25
Fenster / Türen Fläche	A_W	m²	43,8	43,8	43,8
Fenster / Türen U-Wert	U_W	W/(m²K)	1,34	1,34	1,34
Fenster / Türen - mittl. U-Wert Anforderungen EnEV	U_m,W,EnEV	W/(m²K)	1,30	1,30	1,30
Fenster / Türen - mittl. U-Wert Anforderungen KfW	U_m,W,KfW	W/(m²K)	0,95	0,95	0,95
Dachflächenfenster Fläche	A_DFF	m²	7,6	7,6	7,6
Dachflächenfenster U-Wert	U_DFF	W/(m²K)	1,30	1,30	1,30
Dachflächenfenster - mittl. U-Wert Anforderungen EnEV	U_m,DFF,EnEV	W/(m²K)	1,40	1,40	1,40
Dachflächenfenster - mittl. U-Wert Anforderungen KfW	U_m,DFF,KfW	W/(m²K)	1,00	1,00	1,00
Bodenplatte / unterer Abschluss Fläche	A_B	m²	95,8	95,8	95,9
Bodenplatte / unterer Abschluss U-Wert	U_B	W/(m²K)	0,46	0,46	0,34
Bodenplatte / Kellerdecke U-Wert Anforderungen EnEV	U_B,EnEV	W/(m²K)	0,30	0,30	0,30
Bodenplatte / Kellerdecke U-Wert Anforderungen KfW	U_B,KfW	W/(m²K)	0,30	0,30	0,30
Kenngrößen Anlagentechnik					
Baujahr Heizung			2017		
Leistung Heizung	P_H	kW	17,3	17,3	17,3
solarer Deckungsanteil an Raumheizung		%	0 %	0 %	0 %

21

Abb. 9.17: Kennwerte

Kenngrößen Anlagentechnik			ISTZUSTAND	Maßnahmenpaket 1	ZIELZUSTAND (Abschluss Maßnahmenpaket 3)
Energieträger Heizung			Heizöl EL	Heizöl EL	Heizöl EL
Primärenergiefaktor Energieträger Heizung	f_p	-	1,1	1,1	1,1
CO_2-Emissionsfaktor (UBA)		g/kWh	266	266	266
weitere Heizungen vorhanden					
Baujahr Warmwasser			2017	-	-
solarer Deckungsanteil Warmwasser		%	0,00 %	0,00 %	59,20 %
Energieträger Warmwasser			Strom	Strom	Strom
Primärenergiefaktor Energieträger WW	f_p	-	1,8	1,8	1,8
Baujahr Lüftungsanlage			-	-	-
Wärmerückgewinnungsgrad Lüftungsanlage		%	- %	- %	- %

Abb. 9.18: Kennwerte (Fortsetzung)

Das Instrument „individueller Sanierungsfahrplan" wird derzeit (Stand: Juli 2019) vom BMWi und der Bundesstelle für Energieeffizienz überarbeitet, um die Handhabung und den Informationsgehalt des iSFP zu optimieren. Mehr zu den neuen Funktionen siehe Abschnitt 8.2.4 in diesem Buch.

10 Förderprogramme

10.1 Marktanreizprogramm

Das Marktanreizprogramm ist ein Förderprogramm des Bundesamtes für Wirtschaft und Ausfuhrkontrolle (BAFA).

Durch das Programm werden die Bereiche Solar, Biomasse und Wärmepumpen gefördert. Zunächst gibt es die Basisförderung. Diese kann durch verschiedene Boni erhöht werden. Ein Überblick ist den Abb. 10.1 bis 10.3 zu entnehmen. Grundlage dieser Förderung ist die „Richtlinie zur Förderung von Maßnahmen zur Nutzung erneuerbarer Energien im Wärmemarkt" vom 11.03.2015. Informationen zum Marktanreizprogramm und zur Zusatzförderung liefert unter anderem die Website der BAFA www.bafa.de unter dem Stichwort „Heizen mit erneuerbaren Energien".

Förderübersicht Biomasse (Basis-, Innovations- und Zusatzförderung)

Maßnahme		Basisförderung	Innovationsförderung [3]				Nachrüstung [6]	Zusatzförderung [9]			
			Brennwertnutzung [4]		Partikelabscheidung [5]			Kombinationsbonus		Gebäudeeffizienz-bonus [10]	Optimierungs-maßnahme [11]
Anlagen von 5 bis max. 100,0 kW Nennwärmeleistung		Gebäudebestand	Gebäudebestand	Neubau	Gebäudebestand	Neubau		Solarkollektoranlage, Wärmepumpenanlage	Wärmenetz		
Pelletofen mit Wassertasche	5 kW bis 25,0 kW	2.000 €	–	–	3.000 € [3.1]	2.000 €	750 €	500 €	500 €	zusätzlich 0,5 × Basis- oder Innovations-förderung	mit Errichtung: 10 % der Netto-Investitionskosten [11.1] ---------- nachträglich (nach 3 – 7 Jahren): 100 bis max. 200 € [11.2]
	25,1 kW bis max. 100 kW	80 €/kW									
Pelletkessel	5 kW bis 37,5 kW	3.000 €	4.500 € [3.1]	3.000 €	4.500 € [3.1]	3.000 €					
	37,6 kW bis max. 100 kW	80 €/kW									
Pelletkessel mit einem Pufferspeicher (neu errichtet) von mind. 30 l/kW	5 kW bis 43,7 kW	3.500 €	5.250 € [3.1]	3.500 €	5.250 € [3.1]	3.500 €					
	43,8 kW bis max. 100 kW	80 €/kW									
Hackschnitzelkessel mit einem Pufferspeicher von mind. 30 l/kW		pauschal 3.500 € je Anlage	5.250 € [7] / 4.500 € [8]	3.500 € [7] / 3.000 € [8]	5.250 €	3.500 €					
Kombinationskessel [1] automatisch beschickter Pellet- oder Hackschnitzelkessel mit einem handbeschickten Scheitholzvergaserkessel		mind. 5.000 €	mind. 7.500 €	3.000 €/ 3.500 €	mind. 6.500 €	3.000 €/ 3.500 €					
Scheitholzvergaserkessel [2] mit einem Pufferspeicher von mind. 55 l/kW		pauschal 2.000 € je Anlage	5.250 € [7] / 4.500 € [8]	3.500 € [7] / 3.000 € [8]	3.000 €	2.000 €					

- Es gelten die Bestimmungen der Richtlinie vom 11.03.2015 in Verbindung mit der Änderungsrichtlinie vom 04.08.2017.
- Gem. Änderungsrichtlinie sind ab dem 01.01.2018 alle Anträge im zweistufigen Antragsverfahren zu stellen.
- Gebäudebestand: Ein Gebäude, in dem zum Zeitpunkt der Inbetriebnahme der beantragten Anlage seit mehr als zwei Jahren ein anderes Heizungs- oder Kühlsystem installiert ist.
- Die hier beschriebenen Voraussetzungen sind nicht abschließend. Die vollständigen Fördervoraussetzungen finden Sie auf der BAFA-Homepage unter der Rubrik „Energie/Heizen mit Erneuerbaren Energien".

1 Kombinationskessel erhalten für jedes Anlagenteil die jeweilige Förderung. Ausnahme: Innovationsfördertatbestand im Neubau. Hier kann nur ein Antragsteil erfüllt werden. Pelletöfen sind als Kombination nicht möglich. Für den Scheitholzvergaserkessel muss der entsprechende Mindest-Pufferspeicher nachgewiesen werden.

2 Es sind nur besonders emissionsarme Scheitholzvergaserkessel förderfähig (staubförmige Emissionen max. 15 mg/m³)

3 Innovationsförderung: Angegeben ist der Gesamtförderbetrag. Ausnahme Pelletanlagen im Gebäudebestand [3.1].
3.1 Pelletanlagen im Gebäudebestand: Angegeben ist der Mindestförderbetrag, ansonsten 80 €/kW.

4 Innovationsförderung Brennwertnutzung: Zusätzlich zur Biomasseanlage besteht eine Einrichtung zur bestimmungsgemäßen Nutzung der bei der Abgaskondensation anfallenden Wärme.

5 Innovationsförderung Partikelabscheidung: Zusätzlich zur Biomasseanlage besteht eine Einrichtung zur sekundären Abscheidung der im Abgas enthaltenen Partikel.

6 Nachrüstung einer unter 5) oder 5.1) beschriebenen Einrichtung für eine bereits bestehende Biomasseanlage. Angegeben ist der Innovationsförderbetrag.
7 Förderbetrag bei neu errichtetem Pufferspeicher (mind. 30 Liter/kW). Gesamtpufferspeichervolumen bei Scheitholzvergaserkessel mind. 55 Liter/kW.
8 Förderbetrag bei vorhandenem Pufferspeicher.

9 Die verschiedenen Zusatzförderungen können zusätzlich zur Basis- und Innovationsförderung gewährt werden und sind miteinander kumulierbar. Ausnahme: Gebäudeeffizienzbonus und Optimierungsmaßnahme nur im Gebäudebestand.

10 Bonus für effiziente Wohngebäude im Gebäudebestand. Voraussetzungen: Anforderungen an ein KfW-Effizienzhaus 55 (d. h. der auf die wärmeübertragende Umfassungsfläche bezogene Transmissionswärmeverlust beträgt maximal das 0,7-fache des entsprechenden Wertes des jeweiligen Referenzgebäudes; es gelten die Höchstwerte der EnEV 2013 Anlage 1 Tabelle 2), hydraulischer Abgleich, Anpassung der Heizkurve, Online-Bestätigung eines zugelassenen Sachverständigen.

11 Einzelmaßnahmen zur energetischen Optimierung der Heizungsanlage oder Warmwasserbereitung in Bestandsgebäuden.
11.1 Zusammen mit der Errichtung einer Biomasseanlage. Begrenzung auf höchstens 50 % der Basis- oder Innovationsförderung.
11.2 Nachträglich nach 3 bis 7 Jahre nach Inbetriebnahme. Begrenzung auf die Höhe der förderfähigen Kosten.

Stand: 02.01.2018

Abb. 10.1: Biomasseförderung des Marktanreizprogramms (Quelle: BAFA)

Beispiel:

Für die Errichtung eines Pelletkessels (10 kW) mit neuem Pufferspeicher (300 l) erhält man 3000 Euro Förderung. Bei Kombination mit einer solarthermischen Anlage (10 m²) erhöht sich der Förderbetrag auf 3500 Euro.

Förderübersicht Solar (Basis-, Innovations- und Zusatzförderung)

Bundesamt für Wirtschaft und Ausfuhrkontrolle

Energiewende – Umschalten auf Zukunft

Stand: 02.03.2018

Maßnahme	Basisförderung Gebäudebestand	Innovationsförderung[5] Gebäudebestand	Innovationsförderung[5] Neubau	Zusatzförderung[6] Kombinationsbonus – Biomasseanlage, Wärmepumpenanlage	Zusatzförderung[6] Kombinationsbonus – Wärmenetz	Zusatzförderung[6] Kombinationsbonus – Kesseltausch	Zusatzförderung[6] Gebäudeeffizienzbonus[7]	Zusatzförderung[6] Optimierungsmaßnahme[8]
Errichtung einer Solarkollektoranlage zur ...								
... ausschließlichen Warmwasserbereitung[1] – 3 bis 10 m² Bruttokollektorfläche	500 €	–	–					mit Errichtung: 10 % der Netto-investitionskosten[8.1]
... ausschließlichen Warmwasserbereitung[1] – 11 bis 40 m² Bruttokollektorfläche	50 €/m² Bruttokollektorfläche	–	–					
... ausschließlichen Warmwasserbereitung[1] – 20 bis 100 m² Bruttokollektorfläche	–	100 €/m² Bruttokollektorfläche	75 €/m² Bruttokollektorfläche	500 €	500 €	500 €	zusätzlich 0,5 × Basis- oder Innovationsförderung	
... kombinierten Warmwasserbereitung und Heizungsunterstützung, solare Kälteerzeugung oder Wärmenetzzuführung[2] – bis 14 m² Bruttokollektorfläche	2.000 €[9]	–	–					
... kombinierten Warmwasserbereitung und Heizungsunterstützung ...[2] – 15 m² bis 40 m² Bruttokollektorfläche	140 €/m² Bruttokollektorfläche	–	–					nachträglich (nach 3 – 7 Jahren): 100 bis max. 200 €[8.2]
... kombinierten Warmwasserbereitung und Heizungsunterstützung ...[2] – 20 bis 100 m² Bruttokollektorfläche	–	200 €/m² Bruttokollektorfläche	150 €/m² Bruttokollektorfläche					
... Wärme- oder Kälteerzeugung (Alternative)[3] – ertragsabhängige Förderung – 20 bis 100 m² Bruttokollektorfläche	–	0,45 € × jährlicher Kollektorertrag × Anzahl Kollektoren	–				–	–
Erweiterung einer bestehenden Solarkollektoranlage[4]	50 €/m² zusätzlicher Bruttokollektorfläche							

* Es gelten die Bestimmungen der Richtlinie vom 11.03.2015 in Verbindung mit der Änderungsrichtlinie vom 04.08.2017.
* Gem. Änderungsrichtlinie sind ab dem 01.01.2018 alte Anträge im zweistufigen Antragsverfahren zu stellen.
* Gebäudebestand: Ein Gebäude, in dem zum Zeitpunkt der Inbetriebnahme der beantragten Anlage seit mehr als zwei Jahren ein anderes Heizungs- oder Kühlsystem installiert ist.
* Die hier beschriebenen Voraussetzungen sind nicht abschließend. Die vollständigen Fördervoraussetzungen finden Sie auf der BAFA-Homepage unter der Rubrik „Energie/Heizen mit Erneuerbaren Energien".

[1] Mindestvoraussetzungen in der Basisförderung: Bruttokollektorfläche mind. 3 m² bis max. 40 m²; Pufferspeichervolumen mind. 200 Ltr. (beides gilt für alle Kollektortypen)
[2] Vakuumflachkollektoren: Bruttokollektorfläche ≥ 9 m²; Pufferspeichervolumen 40 l/m²; Vakuumröhren- u. Vakuumflachkollektoren: Bruttokollektorfläche ≥ 7 m²; Pufferspeichervolumen 50 l/m²; Luftkollektoren: keine Mindestanforderungen
[3] Die ertragsabhängige Förderung kann alternativ zur Innovationsförderung für große Solarkollektoranlagen (20 bis 100 m²) beantragt werden. Grundlage des jährlichen Kollektorertrags (kWh/a/Kollektor) ist das Datenblatt 2 der Solar-Keymark-Programmregeln (Standort Würzburg, 50 °C).
[4] Erweiterung einer bestehenden Solarkollektoranlage mit mind. 4 m² bis auf 40 m² Bruttokollektorfläche.
[5] Solarkollektoranlagen im Bereich Innovationsförderung. Errichtung auf einem Wohngebäude mit mind. 3 Wohneinheiten oder einem Nichtwohn-gebäude mit mind. 500 m² Nutzfläche (auch Mischgebäude mit Wohn- und Gewerbenutzung, Gemeinschaftseinrichtungen zur sanitären Versorgung und Beherbergungsbetriebe mit mind. 6 Zimmern können gefördert werden). Oder auf einem Ein- oder Zweifamilienhaus (Solar-Aktiv-Haus) mit einem solaren Deckungsgrad von mind. 50 %, in dem der auf die wärmeübertragende Umbauungsfläche bezogene Transmissionswärmeverlust das 0,7-fache des entsprechenden Wertes des jeweiligen Referenzgebäudes nicht überschreiten wird. Es gelten die gleichen Mindestanforderungen an die Pufferspeichervolumen wie unter 1 bzw. 2.
[6] Die verschiedenen Zusatzförderungen können zusätzlich zur Basis- und Innovationsförderung gewährt werden und miteinander kumulierbar. Ausnahme: Gebäudeeffizienzbonus und Optimierungsmaßnahme nur im Gebäudebestand bei Errichtung einer Solarkollektoranlage.
[7] Bonus für effizientes Wohngebäude im Gebäudebestand. Voraussetzungen: Anforderungen an ein KfW-Effizienzhaus 55 (d. h. der auf die wärmeüber-tragende Umbauungsfläche bezogene Transmissionswärmeverlust beträgt maximal das 0,7-fache des entsprechenden Wertes des jeweiligen Referenz-gebäudes, es gelten die Höchstwerte der EnEV 2013 Anlage 1 Tabelle 2); hydraulischer Abgleich, Anpassung der Heizkurve, Online-Bestätigung eines zugelassenen Sachverständigen.
[8] Einzelmaßnahmen zur energetischen Optimierung der Heizungsanlage und der Warmwasserbereitung in Bestandsgebäuden (nicht bei Errichtung).
[8.1] Zusammen mit der Errichtung einer Solarkollektoranlage. Begrenzung auf höchstens 50 % der Basis- oder Innovationsförderung.
[8.2] Nachträglich (nach 3 bis 7 Jahre nach Inbetriebnahme. Begrenzung auf die Höhe der beihilfefähigen Kosten.
[9] Die Mindestförderung gilt nicht für Luftkollektoren. Diese werden mit 140 €/m² Bruttokollektorfläche gefördert.

Abb. 10.2: Solarförderung des Marktanreizprogramms (Quelle: BAFA)

Beispiel:

Die Errichtung einer Solarkollektoranlage (10 m²) zur Warmwasserbereitung und Heizungsunter-stützung und der gleichzeitige Austausch eines Heizkessels ohne Brennwerttechnik gegen einen Öl- oder Gas-Brennwertkessel ergibt eine Gesamtförderung von 2500 Euro.

Förderübersicht Wärmepumpe (Basis-, Innovations- und Zusatzförderung)

Bundesamt für Wirtschaft und Ausfuhrkontrolle — Energiewende. Innovationen und Zukunft

Maßnahme	Basisförderung[7] Gebäudebestand	Innovationsförderung[1,7] Gebäudebestand	Innovationsförderung Neubau	Lastmanagementbonus[3]	Kombinationsbonus Solarkollektoranlage, Biomasseanlage	Kombinationsbonus PVT-Kollektoren[4]	Kombinationsbonus Wärmenetz	Gebäudeeffizienzbonus[5]	Optimierungsmaßnahme[6]
Wärmepumpen (WP) bis 100 kW Nennwärmeleistung									
Gasbetriebene Wärmepumpen (gasmotorische WP, SorptionsWP) →	100 €/kW	150 €/kW	100 €/kW						mit Errichtung: 10 % der Netto-investitionskosten[6.1]
Mindestförderbetrag	4.500 € (bis 45,0 kW)	6.750 € (bis 45,0 kW)	4.500 € (bis 45,0 kW)						
→	40 €/kW	60 €/kW	40 €/kW						
Elektrisch betriebene Luft/Wasser-WP — Mindestförderbetrag bei leistungsgeregelten und/oder monovalenten WP	1.500 € (bis 37,5 kW)	2.250 € (bis 37,5 kW)	1.500 € (bis 37,5 kW)	500 €	500 €	500 €	500 €	zusätzlich 0,5 × Basis- oder Innovationsförderung	nachträglich (nach 3–7 Jahren): 100 bis max. 200 €[6.2]
Mindestförderbetrag bei anderen WP	1.300 € (bis 32,5 kW)	1.950 € (bis 32,5 kW)	1.300 € (bis 32,5 kW)						
→	100 €/kW	150 €/kW	100 €/kW						
Elektrisch betriebene Wasser/Wasser-WP oder Sole/Wasser-WP — Mindestförderbetrag bei elektr. Sole-WP mit Erdsondenbohrungen	4.500 € (bis 45,0 kW)	6.750 € (bis 45,0 kW)	4.500 € (bis 45,0 kW)						nachträglich (nach 1 Jahr): bis 250 €[6.3]
Mindestförderbetrag bei anderen WP	4.000 € (bis 40,0 kW)	6.000 € (bis 40,0 kW)	4.000 € (bis 40,0 kW)						

- Es gelten die Bestimmungen der Richtlinie vom 11.03.2015 in Verbindung mit der Änderungsrichtlinie vom 04.08.2017.
- Gem. Änderungsrichtlinie sind ab dem 01.01.2018 alle Anträge im zweistufigen Antragsverfahren zu stellen.
- Gebäudebestand: Ein Gebäude, in dem zum Zeitpunkt der Inbetriebnahme der beantragten Anlage seit mehr als zwei Jahren ein anderes Heizungs- oder Kühlsystem installiert ist.
- Die hier beschriebenen Voraussetzungen sind nicht abschließend. Die vollständigen Fördervoraussetzungen finden Sie auf der BAFA-Homepage unter der Rubrik „Energie/Heizen mit Erneuerbaren Energien".

1 Innovationsförderung: Voraussetzung ist eine höhere Jahresarbeitszahl oder eine verbesserte Systemeffizienz.
2 Die verschiedenen Zusatzförderungen können zusätzlich zur Basis- und Innovationsförderung gewährt werden und sind miteinander kumulierbar. Ausnahme: Gebäudeeffizienzbonus und Optimierungsmaßnahme nur im Gebäudebestand.
3 Die Wärmepumpenanlage ist lastmanagementfähig. Voraussetzung: Errichtung eines Speichers mit mind. 30 l/c/kW und das Zertifikat „Smart Grid Ready".
4 PVT-Kollektoren und andere nicht förderfähige Solarkollektoranlagen (gilt nicht für reine Photovoltaikanlagen) müssen einen Beitrag als Wärmequelle für die Wärmepumpe leisten. Bruttokollektorfläche mind. 7,0 m².

5 Bonus für effiziente Wohngebäude im Gebäudebestand. Voraussetzung: Anforderungen an ein KfW-Effizienzhaus 55 (d. h. der auf die wärmeübertragende Umfassungsfläche bezogene Transmissions-wärmeverlust beträgt maximal das 0,7-fache des entsprechenden Wertes des jeweiligen Referenzgebäudes; es gelten die Höchstwerte der EnEV 2013 Anlage 1 Tabelle 2), hydraulischer Abgleich, Anpassung der Heizkurve, Online-Bestätigung eines zugelassenen Sachverständigen.
6 Einzelmaßnahmen zur energetischen Optimierung der Heizungsanlage und der Warmwasserbereitung in Bestandsgebäuden.
6.1 Zusammen mit der Errichtung einer Wärmepumpe. Begrenzung auf höchstens 50 % der Basis- oder Innovationsförderung.
6.2 Nachträglich nach 3 bis 7 Jahre nach Inbetriebnahme. Begrenzung auf die Höhe der förderfähigen Kosten.
6.3 Nachträglich nach mind. einem Jahr (Wärmepumpencheck). Begrenzung auf die Höhe der förderfähigen Kosten.
7 Anforderungen an die JAZ:

Jahresarbeitszahl	Basisförderung Wohngebäude	Basisförderung Nichtwohngebäude	Innovationsförderung
gasbetriebene WP	1,25	1,3	1,5
elektrische Luft-WP	3,5	3,5	4,5
andere elektrische WP	3,8	4	4,5

Stand: 02.01.2018

Abb. 10.3: Wärmepumpenförderung des Marktanreizprogramms (Quelle: BAFA)

Beispiel:

Für die Errichtung einer Sole-Wasser-Wärmepumpe (10 kW) mit Erdsonden und neuem Pufferspeicher (30 l/kW) erhält man eine Förderung von 4500 Euro. Kombiniert man die Anlage mit einer solarthermischen Anlage (10 m²), erhöht sich der Förderbetrag auf 5000 Euro.

Bei der Umsetzung sind die Vorgaben der Richtlinie zu beachten. Der Zuschuss kann erst <u>nach</u> der Durchführung der Maßnahme beantragt werden. Die ausführende Firma muss in einer Errichterbescheinigung die Einhaltung der in der Richtlinie geforderten Punkte bestätigen.

10.2 KfW-Programme

Die Kreditanstalt für Wiederaufbau bietet eine ganze Menge von Programmen zur Kreditaufnahme an. Dazu stellt die BAFA einen Online-Sanierungskonfigurator zur Verfügung. Diesen finden Sie unter www.sanierungskonfigurator.de.

Es wird zwischen der Kreditvariante und der Zuschussvariante unterschieden. Der wirtschaftliche Vorteil ist bei beiden Varianten ähnlich. Bei den Kreditvarianten ist der Zinssatz verbilligt, bei der Zuschussvariante erhält der Antragsteller einen direkten Zuschuss. Die Zuschussvariante ist auf Eigentumswohnungen sowie Ein- und Zweifamilienhäuser beschränkt.

Die Förderung unterscheidet sich, je nachdem welche Sanierungsstufe erreicht wird. Es wird zwischen mehreren Energieeffizienzklassen unterschieden. Sollte mit den gewählten Sanierungsmaßnahmen keine dieser Effizienzklassen (KfW-Effizienzhaus) erreicht werden, besteht die Möglich der Förderung durch Einzelmaßnahmen.

Der Förderantrag muss online durch einen bei der KfW zugelassenen Sachverständigen gestellt werden. Dieser Antrag ist anders als bei der BAFA <u>vor</u> dem Beginn der Maßnahme zu stellen. Als Beginn ist die Auftragserteilung an Handwerksfirmen definiert. Eine Energieberatung sowie Planungsarbeiten durch Architekten und Fachingenieure dürfen vorher durchgeführt werden.

Jede Privatperson kann dieses Förderprogramm nutzen, wenn sie durch Kauf Eigentümer eines Ein- oder Zweifamilienhauses oder einer Eigentumswohnung wird oder bereits Eigentümer des Wohnraums ist und energetisch saniert.

10.2.1 Zuschussvariante

Was wird gefördert?

Wurde für das Wohnobjekt vor dem 01.02.2002 ein Bauantrag gestellt oder Bauanzeige erstattet, werden gefördert

- alle Sanierungsmaßnahmen, die das Wohneigentum zum KfW-Effizienzhaus machen, oder
- die Sanierung eines Denkmals oder besonders erhaltenswerter Bausubstanz oder
- einzelne energetische Maßnahmen (z. B. Dämmung, Optimierung der Wärmeverteilung bei bestehenden Anlagen, Erneuerung der Heizungsanlage, Erneuerung der Fenster und Türen, Erneuerung oder Einbau einer Lüftungsanlage), die den technischen Mindestanforderungen entsprechen, oder
- der Kauf eines frisch energetisch sanierten Gebäudes oder einer Eigentumswohnung.

In welchem Umfang wird gefördert?

KfW-Effizienzhaus 55:

30 % der förderfähigen Investitionskosten, maximal 30 000 Euro pro Wohneinheit

KfW-Effizienzhaus 70:

25 % der förderfähigen Investitionskosten, maximal 25 000 Euro pro Wohneinheit

KfW-Effizienzhaus 85:

20 % der förderfähigen Investitionskosten, maximal 20 000 Euro pro Wohneinheit

KfW-Effizienzhaus 100:

17,5 % der förderfähigen Investitionskosten, maximal 17 500 Euro pro Wohneinheit

KfW-Effizienzhaus 115:

15 % der förderfähigen Investitionskosten, maximal 15 000 Euro pro Wohneinheit

KfW-Effizienzhaus Denkmal:

15 % der förderfähigen Investitionskosten, maximal 15 000 Euro pro Wohneinheit

Einzelmaßnahmen:

10 % der förderfähigen Investitionskosten, maximal 5000 Euro pro Wohneinheit

Heizungs-/Lüftungspaket:

15 % der förderfähigen Investitionskosten, maximal 7500 Euro pro Wohneinheit

Die förderfähigen Investitionskosten können bis maximal 100 000 Euro pro Wohneinheit bei einer Sanierung zum KfW-Effizienzhaus bzw. maximal 50 000 Euro pro Wohneinheit bei der Durchführung von Einzelmaßnahmen bezuschusst werden.

10.2.2 Kreditvariante

Förderung

Was wird gefördert?

Wurde für das Wohnobjekt vor dem 01.02.2002 ein Bauantrag gestellt oder Bauanzeige erstattet, werden gefördert:

- alle energetischen Sanierungsmaßnahmen (z. B. Dämmung, Heizungserneuerung, Fensteraustausch, Lüftungseinbau), die das Wohneigentum zum KfW-Effizienzhaus machen, oder

- die Sanierung eines Denkmals oder besonders erhaltenswerter Bausubstanz oder

- der Kauf eines frisch energetisch sanierten Gebäudes oder einer Eigentumswohnung, die dem Standard eines KfW-Effizienzhauses entsprechen.

Tilgungszuschuss

Mit dem Nachweis des erreichten KfW-Effizienzhaus-Niveaus erhält man einen Tilgungszuschuss in folgender Höhe:

KfW-Effizienzhaus 55: 27,5 %, maximal 27 500 Euro pro Wohneinheit

KfW-Effizienzhaus 70: 22,5 %, maximal 22 500 Euro pro Wohneinheit

KfW-Effizienzhaus 85: 17,5 %, maximal 17 500 Euro pro Wohneinheit

KfW-Effizienzhaus 100: 15 %, maximal 15 000 Euro pro Wohneinheit

KfW-Effizienzhaus 115: 12,5 %, maximal 12 500 Euro pro Wohneinheit

KfW-Effizienzhaus Denkmal: 12,5 %, maximal 12 500 Euro pro Wohneinheit

Einzelmaßnahmen: 7,5 %, maximal 3750 Euro pro Wohneinheit

Heizungs-/Lüftungspaket: 12,5 %, maximal 6250 Euro pro Wohneinheit

10 Jahre Zinsbindung bei bis zu 30 Jahren Kreditlaufzeit

Finanzierung

Wie und in welchem Umfang wird gefördert?

Die Förderung umfasst 100 % der förderfähigen energetischen Sanierungskosten, maximal 100 000 Euro pro Wohneinheit.

Der Antrag muss bei der Hausbank gestellt werden, bevor der Kauf oder die Sanierung erfolgt.

Nicht gefördert werden Umschuldungen bestehender Darlehen, Nachfinanzierungen bereits begonnener oder schon abgeschlossener Vorhaben, Ferien- und Wochenendhäuser sowie gewerblich genutzte Flächen.

A   Gutachten

A.1   Allgemeine Beschreibung

A.1.1   Einführung

Knapp ein Drittel der Energie in Deutschland wird von den vielen privaten Haushalten verbraucht. Auch ohne den Verbrauch für den motorisierten Individualverkehr einzuberechnen, konsumieren die privaten Haushalte mehr Energie als die gesamte Industrie.

Vom häuslichen Energieverbrauch entfallen ca. 75 % auf die Raumheizung. Die wichtigste Maßnahme zur Verringerung des Primärenergieverbrauchs und der Emissionen im Bereich Raumwärme ist die Reduktion der Wärmeverluste der Gebäude, z. B. durch verbesserten Wärmeschutz. Aber auch die Bereitstellung der erforderlichen Wärme durch effiziente Heizungssysteme bietet ein erhebliches Potenzial.

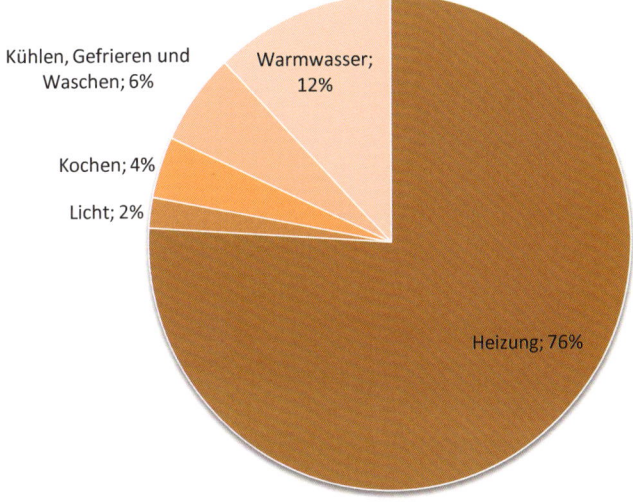

Abb. A.1: Durchschnittliche Energieverbrauchsanteile im Haushalt

Durch Wärmeschutzmaßnahmen an Außenwänden, Dach, Fenster und Kellerdecke können bis zu 60 % der Heizenergie eingespart werden.

Beim Einsatz moderner Heizungstechnik (Brennwertkessel, Solaranlagen, Wärmepumpen, Schichtspeicher usw.) verbessert sich der Jahresnutzungsgrad. Dieser Wert gibt an, wie viel Prozent des eingesetzten Brennstoffes während einer Heizperiode von der Anlage tatsächlich in nutzbare Heizwärme umgesetzt werden können. Nicht nutzbar sind die Wärmeverluste des Kessels, Verteilungsverluste, Zirkulationsverluste, Verluste durch Wärmespeicherung u. a.

In gleichem Maße gehen auch der Schadstoffausstoß und die Kosten für den Brennstoff zurück. Bereits heute schon sind bestimmte Dämmmaßnahmen wirtschaftlich, allerdings ohne Berücksichtigung der Preissteigerung für die Energieträger.

A.2 Bewährte Energiesparmaßnahmen

Die häufigsten Energiesparmaßnahmen sind:

- Solar- oder PV-Anlage,
- Dachdämmung (alternativ oberste Geschossdecke),
- Abdichtung von Fenstern und Türen,
- Innendämmung von Außenwänden,
- Außendämmung von Außenwänden,
- Dämmung der Kellerdecke,
- Erneuerung der Heizungsanlage,
- Dämmung der Rohrleitungen,
- Erneuerung von Fenstern (Wärmeschutzverglasung).

Ihre Umsetzung erspart den Einsatz von Rohstoffen, minimiert die Umweltbelastung durch die Vermeidung von Schadstoffemissionen und reduziert den Brennstoffverbrauch für die Beheizung des Gebäudes. Der Komfort und der Wert der Immobilie erhöhen sich.

A.2.1 Dämmung der Außenwände

Bei 85 % der Wohngebäude sind die Außenwände unzureichend isoliert.

- Bis zu 40 % des jährlichen Heizenergieverbrauchs gehen durch die Außenwand verloren.
- Auch dicke, massive, ungedämmte Wände schützen nicht vor beträchtlichem Wärmeverlust.
- Ungedämmte, kalte Wände verursachen ein unbehagliches Wohnklima.
- Durch Außendämmung können Wärmebrücken, z. B. durch nicht isolierte Betondecken, vermieden werden.
- Die Lebensdauer der Wärmedämmung beträgt 50 Jahre (VDI-Richtlinie 2067, Tab. 6).
- Die Dämmschicht sollte zwischen 12 und 16 cm betragen.

A.2.2 Dämmung des Dachs

- Bis zu 20 % des jährlichen Heizenergieverbrauchs gehen durch das Dach verloren.
- Dachwohnungen kühlen während des Winters stark aus, im Sommer sind sie oft zu warm.
- Die Lebensdauer der Dämmung kann mit 50 Jahren veranschlagt werden.
- Die Dämmschicht sollte 16 bis 20 cm betragen (einschließlich Sparren).

A.2.3 Dämmung der Kellerdecke und Wände gegen Erdreich

- Bis zu 20 % können die Wärmeverluste im Bereich des Fußbodens und des Kellers betragen.
- Viele nachträglich ausgebaute Kellerräume sind gegen Erdreich nicht ausreichend gedämmt.

- Unbeheizte Kellerräume sind von darüber liegenden Wohnräumen oft nur durch eine gewöhnliche Betondecke mit Fußbodenbelag getrennt. Eine zusätzliche Wärmedämmung fehlt meist. Die Folge sind kalte Füße und ein unbehagliches Wohnklima.

- Die Lebensdauer einer Dämmung beträgt in der Regel 50 Jahre.

- Die Dicke der Dämmschicht von Kellerdecken sollte 8 bis 10 cm betragen. Bei einer Innendämmung von Wänden gegen Erdreich sollten mindestens 6 cm vorgesehen werden.

A.2.4 Wärmeschutz bei Fenstern

- Fenster mit Einfachverglasung findet man heute nur noch selten. Diese sollten möglichst bald durch Fenster mit heute üblicher Wärmeschutzverglasung, die einen mindestens viermal so guten Wärmeschutz aufweisen, ausgetauscht werden.

- Auch Fenster mit Doppelverglasung in Verbundbauweise und die nicht viel besseren Isolierverglasungen haben einen schlechten Wärmeschutz.

- Wärmeschutzverglasung bietet einen etwa doppelt so guten Wärmeschutz als obengenannte Verglasungen.

- Fenster mit Wärmeschutzverglasung haben auf der Scheibeninnenseite höhere Temperaturen, was die Behaglichkeit im Raum steigert. Sie sind so dicht, dass auch Zugerscheinungen vermieden werden. Ebenfalls verbessert wird dadurch der Schallschutz.

- Durch das Wärmeschutzglas wird die Wärme der Sonne eingefangen und in den Raumwänden gespeichert. Das Glas verhindert auch, dass die Wärme wieder nach außen abwandert.

A.2.5 Neuer Heizkessel bzw. Wärmeerzeuger

Brennwertkessel

Moderne Brennwertnutzung setzt sich bei Gas und Öl immer mehr durch.

Der Grund: Wärmerückgewinnung. Brennwertgeräte gewinnen aus den heißen Abgasen bis zu 15 % Energie zurück. Entsprechend niedriger fallen die Heizkosten aus. Das bedeutet auch: je niedriger der Verbrauch, desto geringer der Schadstoffausstoß.

Brennwert oder oberer Heizwert bezeichnet die Energieausbeute, die Brennwertgeräte zusätzlich zum Heizwert aus heißen Abgasen gewinnen. Weil bei herkömmlichen Kesseln der untere Heizwert als 100 % gesetzt wird, erreicht der obere Heizwert (Brennwert) Werte bis zu 109 %.

Niedertemperaturkessel

Niedertemperaturkessel wurden technisch enorm verbessert und weisen heute Nutzungsgrade von über 90 % auf.

Die Gründe: Die Geräte passen die Heizwassertemperatur gleitend an den Bedarf an und verfügen über modernste Regeltechnik. Dank verbesserter Brennertechnologie konnten sowohl bei Öl- als auch bei Gasgeräten zudem auch die Schadstoffwerte auf ein Minimum reduziert werden.

Wandgerät bzw. Wandtherme

Aufgrund der niedrigen Anschaffungskosten und wegen des geringen Platzbedarfs sind Gas-Wandgeräte seit Jahren die beliebteste Heizvariante, auch wenn der Brennstoff teurer ist als Öl. Besonders begehrt sind sie auch als Brennwertgeräte.

Achtung: Nicht alle Geräte sind wärmegedämmt. Solche Geräte sollte man nicht im Keller installieren, da sonst der Energieverbrauch drastisch ansteigt.

Wärmepumpe

Wärmepumpen nutzen die Wärme in Erdreich, Grundwasser oder Luft, indem sie mithilfe eines Kompressors und Wärmetauschers die Wärme auf das Heizungswasser übertragen. Dazu benötigen die Geräte als Antriebsenergie Strom. Sie produzieren aus jeder Kilowattstunde Strom deutlich mehr als 3 kWh Heizungswärme.

A.2.6   Aktive Nutzung der Solarenergie

Solarenergie wird auf verschiedene Arten genutzt. Am verbreitetsten ist die solare Brauchwassererwärmung. Für eine vierköpfige Familie braucht man dazu 5 bis 6 m² Flachkollektoren oder 3 bis 4 m² Vakuumröhrenkollektoren. Ein Speicher mit etwa 300 Liter Wasser bewahrt die Wärme für mehrere Tage. Im Sommer kann der gesamte Warmwasserbedarf durch solare Energie gedeckt werden, im Winter wird er durch den konventionellen Heizkessel unterstützt. So werden ca. 60 % des Wassers über das Jahr mit Sonnenenergie erwärmt und dabei ca. 300 Liter Heizöl eingespart. Der Umwelt erspart das 1 t CO_2. Eine Anlage kostet fertig montiert ca. 5000 bis 6000 Euro.

Solarenergie wird auch immer mehr zur Unterstützung der Heizung eingesetzt. Hierfür benötigt man eine Kollektorfläche zwischen 8 bis 15 m² und einen Speicher zwischen 500 und 1000 Liter, gefüllt mit Heizwasser. In einem Niedrigenergiehaus lassen sich mit der Anlage etwa 25 % des gesamten Wärmebedarfs decken.

Bei Einsatz von Photovoltaik hängt die Größe der Anlage von der vorhandenen Fläche des Dachs oder der Wand und den finanziellen Möglichkeiten ab. Mit einer 2-kWp-Anlage werden ca. 1600 kWh Solarstrom pro Jahr erzeugt, das sind ca. 50 % eines Standardhaushaltes mit vier Personen. Wird mehr Strom durch die PV-Anlage erzeugt, als im Haushalt verbraucht wird, kann dieser Strom für eine Vergütung von momentan 12,47 Cent/kWh (April 2015) ins öffentliche Netz eingespeist werden. Eine Anlage mit 2 kWp kostet zwischen 3000 und 4000 Euro. Wirtschaftlich wird die Anlage durch die Substitution eines Teiles des Eigenstromverbrauchs.

A.3   Energiediagnose

A.3.1   Bemerkungen zum Energiegutachten und zur Begriffsdeutung

Der *Heizwärmebedarf* eines Gebäudes ist die Wärmemenge, die innerhalb eines bestimmten Zeitraumes, in der Regel ein Jahr, dem Gebäude zugeführt werden muss, um eine bestimmte vorgegebene Raumtemperatur einzuhalten. Heizwärmebedarf und der bereitzustellende Wärmebedarf für die Warmwasserbereitung ergeben den *Gesamtwärmebedarf*.

Der Heizwärmebedarf entsteht durch die Transmissionsverluste durch die Außenhülle des Gebäudes (Außenwände, Dach, Keller, Fenster), das Verbraucherverhalten durch Lüftung und Höhe einer angenehmen Raumtemperatur sowie die Klimabedingungen (Außentemperatur) der Region. Den Transmissionsverlusten stehen Wärmegewinne durch Sonneneinstrahlung und sogenannten internen Wärmequellen in Form von Personen und elektrischen Geräten gegenüber.

Der Heizwärmebedarf wird bestimmt, indem man von Normwerten für die Klimaregion, inneren Wärmegewinnen, dem Nutzerverhalten (Raumtemperatur, Nachtabsenkung, Lüftung), dem Wirkungsgrad der Heizung u. a. ausgeht. Das bedeutet, dass der berechnete Wärmebedarf nicht genau mit dem wirklichen Verbrauch übereinstimmen muss. Hier spielt das Nutzerverhalten oft eine entscheidende Rolle. Der Vorteil dieser Berechnung liegt in der Möglichkeit, einzelne Sanierungsmaßnahmen zu berechnen und die Energieeinsparungen mit recht guter Genauigkeit vorherzubestimmen.

Der gesamte Energieverbrauch hängt zudem wesentlich vom Wirkungsgrad der Heizung und damit von deren Alter ab und kann bis zu 40 % Energieverlust bedeuten – im Gegensatz zu 5 % bei modernen Brennwertkesseln. Man erhält den gesamten Endenergieverbrauch, indem man den Nutzwärmebedarf durch den Wirkungsgrad der Heizung dividiert. Daraus ergibt sich dann auch die benötigte Brennstoffmenge.

Für die Berechnung des Energiebedarfs für die Warmwasserversorgung werden Durchschnittswerte wie Durchschnittsverbräuche und mittlere Bewohneranzahl verwendet. Der Wirkungsgrad der Heizung und der Warmwasserversorgung ist abhängig vom Baujahr der Wärmeerzeuger. Auch hierfür werden Normwerte bzw. Erfahrungswerte zugrunde gelegt. Hieraus ergibt sich der Endenergiebedarf und damit die notwendige Brennstoffmenge.

Zur Beurteilung des *Dämmzustandes* eines Gebäudes wird der errechnete Heizwärmebedarf auf die beheizte Fläche bezogen. Damit erhält man die *Gebäudeenergiekennzahl*, eine Größe, die es ermöglicht, den Dämmzustand verschiedener Gebäude miteinander zu vergleichen.

Um den *gesamten wärmetechnischen Zustand* eines Gebäudes (einschließlich Heizung) bestimmen zu können, wird der *Emissionskennwert* berechnet, d. h. die Menge des Kohlendioxidausstoßes pro m² und Jahr.

Dabei werden die vorgelagerten Prozesse einschließlich Herstellungsaufwand der Heizanlage berücksichtigt. Bei einer Elektroheizung stehen daher guten Wirkungsgraden beim Heizen relativ schlechte Primärenergiefaktoren bei der Stromerzeugung gegenüber.

Um die Wirkung von einzelnen Energiesparmaßnahmen beurteilen zu können, werden diese getrennt berechnet und ausgewertet.

Als *Grundlage für die Investitionskosten* werden die derzeit üblichen Brennstoffkosten und Handwerkerpreise angenommen.

Bei der *Wirtschaftlichkeitsberechnung* wird davon ausgegangen, dass bei Dämmmaßnahmen, die jeder in Eigenarbeit selbst anbringen kann, die Materialkosten berücksichtigt werden. Dämmungen von Außenwänden oder Sanierung der Fenster sollten dem Fachmann überlassen werden. Die verwendeten Preise sind als Richtwerte zu verstehen, die für Objekte gelten, bei denen keine weiteren Maßnahmen und Besonderheiten auftreten.

A.4   Gebäudedaten: Ist-Zustand

Abb. A.2: Nordansicht

Abb. A.3: Südansicht

Abb. A.4: Ostansicht

Abb. A.5: Westansicht

Objektbeschreibung

Bei dem untersuchten Gebäude handelt es sich um ein Einfamilienhaus mit einer Doppelgarage. Das Haus ist zu 100 % unterkellert, hat ein Vollgeschoss und ist mit einem massiven Betondach versehen. Im Untergeschoss befinden sich ein Schwimmbecken, Sauna, ein Erholungsbereich und die Nebenflächen.

Errichtet wurde das Gebäude im Jahre 1965.

Bauherr / Auftraggeber

Familie W.

Standort des untersuchten Objektes

Galgengrabenstr. in N.

Lage

innerörtliche Lage, windschwache Gegend, moderate Abschirmung

Beheiztes Volumen V_e (Außenmaß): ca. 680 m³

Das beheizte Volumen wird gemäß EnEV unter Verwendung der Außenmaße ermittelt. Dadurch werden geometrisch bedingte Wärmebrücken (Hausecken usw.) mit berücksichtigt.

Nutzfläche A_N nach EnEV: 217,6 m²

Die Fläche wird aus dem Volumen berechnet $A_N = 0,32 \cdot V_e$

Wohnfläche

ca. 180 m²

Lüftung

Natürliche Fensterlüftung. Die Lüftungsverluste wurden für die Berechnung normiert.

Berechnungsverfahren

Die Gebäudehülle wird nach dem vereinfachten Periodenbilanzverfahren der gültigen Energie-einsparverordnung berechnet. Es kommen die normierten Klimadaten der Region Stuttgart zum Einsatz, um vergleichbare Ergebnisse zu erhalten.

Gebäudeart	Wohngebäude nach DIN V 4701 oder DIN EN 18599
Randbedingungen	Nachweis nach EnEV
Berechnung gemäß	EnEV 2009
Verwendete Norm	DIN 4108-6 / DIN V 4701
Art des EnEV-Nachweises	Neubauverfahren für Bestandsgebäude (für KfW)

Nutzerverhalten

Die Berechnungen wurden unter Annahme genormter Bedingungen (z. B. mittlere Klimadaten, definiertes Nutzerverhalten, zu erreichende Innentemperatur, angenommene interne Wärmequellen) für Beheizung, Lüftung und Trinkwarmwasserbereitung durchgeführt.

Beschreibung der Heizungsanlage und der Haustechnik

Das untersuchte Gebäude wird mittels einer Luftwärmepumpe und einer thermischen Solaranlage beheizt. Die Wärmepumpe befindet sich im UG, außerhalb der thermischen Gebäudehülle.

Nr.	Wärmeerzeuger	Deckungsanteil	Erzeuger-aufwandszahl	Spez. Hilfsenergiebedarf [kWh/(m²a)]
1	Wärmepumpe	0,90	0,36	0,00
2	Solare Heizungsunterstützung	0,10	0,00	0,00

Wärmeerzeuger 01: Wärmepumpe

Verwendet für	Heizung und Warmwasser
Typ	Wärmepumpe
Unterart	Luft-Wasser-Wärmepumpe
Energieträger	Strom
Baujahr	2008
Detaillierte Kennwerte	
Typ-Bezeichnung	Bartl-WB 12 LS-T
Thermische Leistung	23,6 kW
Leistungszahl bei A-7/W35 [-]	2,700
Leistungszahl bei A2/W35 [-]	3,000
Leistungszahl bei A10/W35 [-]	3,100

Wärmeerzeuger 02: thermische Solaranlage

Verwendet für	Solare Trinkwassererwärmung und Heizungsunterstützung
Typ	Buderus – Logasol SKS 4.0
Unterart	Flach-Kollektoren
Energieträger	regenerative Energie
Baujahr	2008
Detaillierte Kennwerte	
Typ-Bezeichnung	Logasol SKS 4.0

Kollektorfläche [m²]	18,96
Neigung des Kollektorfelds [°]	18°
Abweichung der Ausrichtung von Süd [°]	0° – Süden
Leistungsaufnahme der Solarpumpe [W]	40,9 (Standardwert) – Logasol
Laufzeit der Solarpumpe [h/a]	1.750,0 (Standardwert) – Logasol
Konversionsfaktor [-]	0,770 (Standardwert) – Logasol
Wärmeverlustbeiwert k1 [W/(m²K)]	3,500 (Standardwert) – Logasol
Wärmeverlustbeiwert k2 [W/(m²K)]	0,020 (Standardwert) – Logasol
Einstrahlwinkelkorrekturfaktor bei 50° [-]	0,900 (Standardwert) – Logasol
effektive Wärmekapazität [kJ/(kgK)]	6,40 (Standardwert) – Logasol

Frischwasserstation

Verwendet für	Warmwasser
Typ	Buderus, Plattenwärmeüberträger
Anzahl	1
Baujahr	2008
Aufstellungsort	außerhalb der thermischen Hülle
Detaillierte Kennwerte	
Nennwärmeleistung [kW]	22 kW (berechnet)
WW – Bedarf	2720 (berechnet)

Lüftung

Natürliche Fensterlüftung, ohne Lüftungsanlage

Brennstoffverbräuche

In den letzten Jahren wurden folgende Energieverbräuche dokumentiert:

Energieverbrauch					
Heizperiode	08–09	09–10	10–11	11–12	Mittelwert
Strom–Allgemein	8760 kWh	6386 kWh	7413 kWh	10 481 kWh	8260 kWh
Strom–WP	24 346 kWh	23 955 kWh	24 569 kWh	25 569 kWh	**24 610 kWh**
Summe	33 106 kWh	30 341 kWh	31 982 kWh	36 050 kWh	32 870 kWh

Der Energieverbrauch des Hauses für Raumwärme und Warmwasser beträgt im Mittel **24 610 kWh/a** inklusive des Wärmebedarfs für die Temperierung des Schwimmbeckens.

Dieser Bedarf wird außerhalb der Heizperiode (im Sommer) auf 6000 kWh geschätzt und in der Berechnung vom Heizwärmebedarf abgezogen.

Seit der Erbauung des Gebäudes wurden folgende anlagen- und bautechnischen Investitionen getätigt:

- Erneuerung der Fenster (2005-2009)

- Erneuerung der Heizungsanlage (2008)

- Installation einer thermischen Solaranlage (2008)

A.4.1   Wärmetechnische Daten der Bauteile

Tabelle A.1 fasst die Wärmedurchgangskoeffizienten, d. h. die U-Werte, und die Flächen der einzelnen Bauteile zusammen. Wenn ein Bauteil (z. B. die Außenwand) in verschiedenen Räumen unterschiedliche U-Werte aufweist, wird eine mittlere U-Zahl nach DIN 4701 ausgerechnet.

Die Formel dafür lautet: $U_m = \dfrac{\sum A_i \cdot U_i}{\sum A_i}$

Der Wärmedurchgangskoeffizient (U-Wert) ist ein Maß für die Güte der Wärmedämmung. Er gibt den Wärmestrom an, der bei einem Temperaturunterschied von 1 Kelvin (1°C) durch 1 m² eines Bauteiles fließt. Je kleiner der U-Wert, desto geringer die Wärmeverluste.

Tabelle A.1: Auflistung der einzelnen Bauteile mit Angabe der Fläche und des U-Wertes

Bauteilbezeich-nung AW = Außenwand, AF = Fenster, AT = Außentür	Fläche [m²]	Netto-fläche [m²]	Aus-richtung	U-Wert Ist [W/(m²K)]	U-Wert saniert [W/(m²K)]	U-Wert EnEV 09 [W/(m²K)]	Bewertung des Ist-Zustan-des
UG AW Nord	29,98			2,56	--	0,24	schlecht
UG AW Ost	18,87			1,40	--	0,24	schlecht
UG AW Süd	14,53	12,33		1,40	--	0,24	schlecht
Tür 1		2,20		2,8	--	1,80	mäßig
UG AW West	4,81			1,40	--	0,24	mäßig
UG IWU	77,76			2,50	--	--	mäßig
UG FBE	126,32			1,00	--	0,30	mäßig
EG FBU	30,41			0,56	0,22	0,30	mäßig
IWU Garage	17,68			1,92	--	--	mäßig
EG AW Nord	44,72	23,79	Nord	2,32	0,20	0,24	schlecht
FE Nord		15,11		1,1	--	1,70	gut

Bauteilbezeich-nung AW = Außenwand, AF = Fenster, AT = Außentür	Fläche [m²]	Netto-fläche [m²]	Aus-richtung	U-Wert Ist [W/(m²K)]	U-Wert saniert [W/(m²K)]	U-Wert EnEV 09 [W/(m²K)]	Bewertung des Ist-Zustan-des
FE Nord		5,82		0,7	--	1,70	sehr gut
EG AW Ost	17,68	15,29	Ost	2,32	0,20	0,24	schlecht
FE Ost		2,39		1,1	--	1,70	gut
EG AW Süd	49,94	17,12	Süd	2,32	0,20	0,24	schlecht
FE Süd		32,82		1,1	--	1,70	gut
EG AW West	28,86	18,16	West	2,32	0,20	0,24	schlecht
FE West		10,70		1,1	--	1,70	gut
DG AW Nord	31,56	27,48	Nord	2,32	0,20	0,24	schlecht
FE Nord		4,08		1,1	--	1,70	gut
DG AW Ost	16,86	12,71	Ost	2,32	0,20	0,24	schlecht
FE Ost		4,15		1,1	--	1,70	gut
DG AW West	14,32	11,29	West	2,32	0,20	0,24	schlecht
FE West		3,03		1,1	--	1,70	gut
DA Süd	137,23	136,23	Süd	0,50	0,18	0,20	mäßig
DA Nord	53,12		Nord	0,50	0,18	0,20	mäßig

Bei den Fenstern werden außer Transmissionsverlusten auch die Wärmegewinne durch die Solarstrahlung berücksichtigt. Die durch die Fenster eingestrahlte Solarenergie wird an den Raumoberflächen absorbiert und in „Wärme" umgewandelt. Diese Wärme ist in der kalten Jahreszeit ein beträchtlicher Beitrag zur Heizung.

Wärmetechnische Schwachstellen:

- Die Außenwände haben einen schlechten U-Wert.
- Die Decke über UG und der Fußboden haben einen mäßigen U-Wert.
- Das Dach hat einen mäßigen U-Wert, die Wärmedämmung ist beschädigt.

A.4.2   Berechnungsgrundlage

Die im Folgenden dargestellte Kalkulationsmethode für die Erstellung des Energiegutachtens basiert auf dem vereinfachten Periodenbilanzverfahren der EnEV 2009, DIN 4108 und 4701 sowie einer Studie zu tabellierten Heizzahlen des Ministeriums für Umwelt, Energie und Bundesangelegenheiten.

Das Verfahren beinhaltet neben der Gebäudeenergiebilanz auch eine Effizienzbetrachtung für das Heizungssystem.

A.4.3 Transmissionswärmeverluste

Zur Berechnung der Transmissionswärmeverluste werden alle Flächen berücksichtigt, die den beheizten Gebäudebereich nach außen – gegen Luft oder Erdreich – und zu unbeheizten Räumen hin abschließen.

Trennflächen zu Räumen mit gleicher Nutzung und Temperatur, wie beispielsweise Wände zwischen Reihenhäusern, werden wärmetechnisch als neutral betrachtet und nicht berücksichtigt.

Beim untersuchten Gebäude teilen sich die Transmissionsverluste wie in Abb. A.6 dargestellt auf (100 % = 49 316 kWh/a).

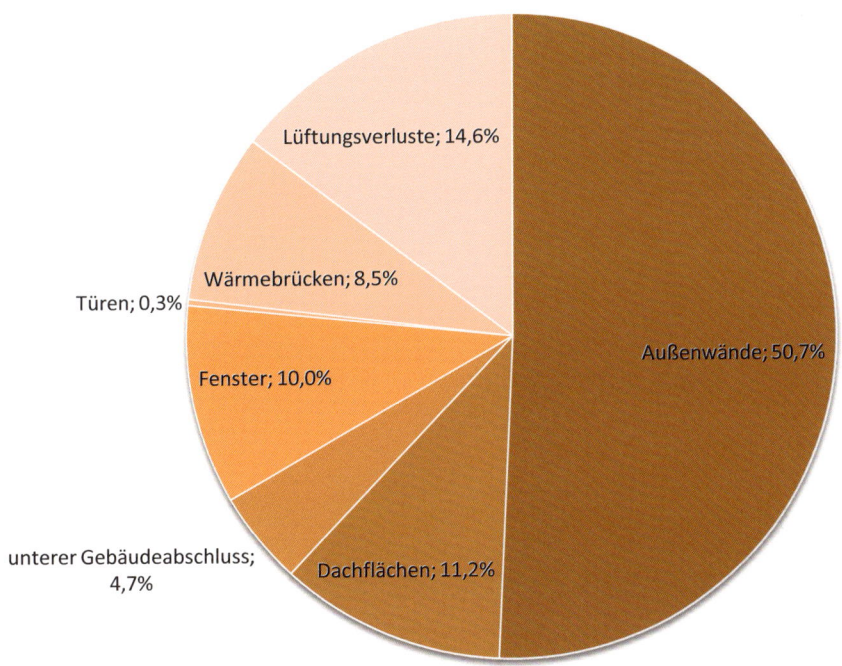

Abb. A.6: Transmissionswärmeverluste des Beispielgebäudes

A.4.4 Emissionskennwert

Je nachdem, welcher Energieträger für die Wärmeerzeugung eingesetzt wird, werden unterschiedliche Mengen an klimawirksamem Schadstoff Kohlendioxid (CO_2) bei der Verbrennung freigesetzt.

Emissionsfaktoren charakterisieren die Menge der Emissionen pro Energieeinheit unterschiedlicher Energieträger und ermöglichen Aussagen über die aus Verbrennungsprozessen resultierenden CO_2-Emissionen. Der Emissionsfaktor berücksichtigt auch Emissionen durch Prozessketten und Herstellungsaufwand. In Tabelle A.2 sind Emissionsfaktoren nach dem KfW-Förderprogramm aufgeführt.

Tabelle A.2: CO_2-Emissionsfaktoren (Quelle: KfW)

Energieträger	Primärenergiefaktor [kWh Prim / kWh End]	CO_2-Emission [kg/kWh End]
Erdgas	1,1	0,23
Heizöl	1,1	0,49
Flüssiggas	1,1	0,26
Steinkohle	1,1	0,41
Holz	0,2	0,05
Strom–Mix	**2,6**	**0,68**
Photovoltaik-Strom	0,7	0,25
Fernwärme StK HKW 70 % KWK	0,8	0,24
Fernwärme StK HKW 35 % KWK	1,1	0,32
Fernwärme StK HKW 0 % KWK	1,3	0,41

Daraus errechnet sich für das Beispielgebäude eine jährliche CO_2-Emissionsbelastung von **16 093 kg**.

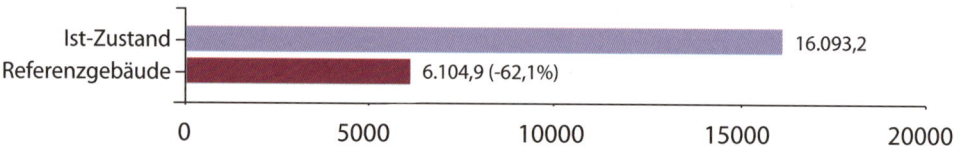

Der CO_2-Emissionskennwert beträgt somit **74 kg /(m²a)**.

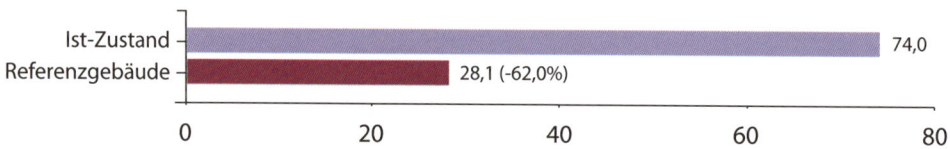

Jährliche Emissionen

Bezeichnung	Absolute Werte [kg/Jahr]	Spezifische Werte [kg/(m²a)]
CO_2-Emissionen	16 093,2	73,96
NO_x-Emissionen	9,29	0,0427
SO_2-Emissionen	11,35	0,0522
CO-Emissionen	4,38	0,0201
C_xH_y-Emissionen	63,71	0,2928

Emissionstabelle

Bau	Emissionskennwert [kg/m²a]	Bewertung
Altbau	unter 30	sehr gut
	30 bis 50	gut
	50 bis 70	befriedigend
	70 bis 90	hoch
	über 90	sehr hoch
Sollwert für Neubau	unter 20	gut

Laut der Emissionstabelle ist der durch das Gebäude verursachte CO_2-Ausstoß als <u>hoch</u> zu bewerten.

A.4.5 Energiekennzahl Heizwärme

Die geeignete Größe zur Beurteilung der energetischen Qualität des Baukörpers einschließlich Luftaustausch ist der *Energiekennwert Heizwärme* – also der auf die beheizte Wohn- bzw. Nutzfläche bezogene Heizwärmebedarf. Der *Heizwärmebedarf* beschreibt die für die Raumheizung erforderliche Nutzwärme und errechnet sich aus der Summe von Transmissions- und Lüftungswärmeverlusten abzüglich der nutzbaren solaren und inneren Gewinne. Diese Bilanzierung ermöglicht dem Fachmann eine klare Aussage über die Wirtschaftlichkeit und die Notwendigkeit der möglichen Dämmmaßnahmen.

$$\text{Energiekennzahl } H = q_\text{h} = \frac{\text{Jahresheizwärmebedarf}}{\text{Nutzfläche}}$$

Die Energiekennzahl für Heizwärme beträgt für das Beispielgebäude somit **88,7 kWh/(m²a)**, dieser Wert liegt unter dem bundesweiten Durchschnitt von vergleichbaren Gebäuden dieses Alters (A/V-Verhältnis > 1,0). Dieser liegt bei 180 bis 220 kWh/(m²a).

Bau	Gebäudeenergiekennzahl [kWh/m²a]	Bewertung
Altbau	unter 80	sehr gut
	80 bis 140	gut
	140 bis 200	mangelhaft
	200 bis 260	schlecht
	über 260	sehr schlecht
Neubau MFH	unter 75	gut

Ergebnis: Laut Tabelle ist das Gebäude gut isoliert. Das heißt, es ist eine geringe Energieeinsparung durch die Dämmmaßnahmen an der Gebäudehülle zu erwarten.

A.4.6 Jahres-Primärenergiebedarf

Methodisch neu an dem nachfolgend dargestellten Bilanzverfahren ist vor allem der allgemeinere Ansatz zur Bewertung von Heizsystemen. Während in der WSchV 1995 bisher allein die Bilanzierung von Warmwasser-Zentralheizungen möglich war, können nun alle verbreiteten Heizsysteme und folglich neben Heizöl und Erdgas auch weitere Energieträger betrachtet werden.

Da Endenergie-Kennwerte unterschiedlicher Energieträger weder ökologisch noch ökonomisch vergleichbar sind, erfolgt die Ausweisung von Energiekennwerten nicht mehr auf der Endenergieebene, sondern auf Primärenergieebene.

Die den eingesetzten Energieträgern vorgelagerten Prozessketten werden gemäß dem Ansatz der EnEV in die Betrachtung mit einbezogen, die Bewertung des Gesamtsystems (Gebäude + Heizungstechnik) erfolgt auf der Ebene der Primärenergie (d. h. der in den Energierohstoffen enthaltenen physikalisch oder chemisch gewinnbaren Energie).

Die energetische Qualität des gesamten Heizsystems wird durch den Jahres-Primärenergiebedarf charakterisiert. Dieser lässt sich aus dem Verhältnis von Primärenergieaufwand (für Raumheizung und Warmwasser) zur beheizten Nutzfläche ermitteln. Neben der direkt für die Wärmeerzeugung eingesetzten Energie wird auch der Stromverbrauch für Hilfsgeräte (Pumpen, Lüfter, Regelung usw.) mit einbezogen.

$$\text{Jahres-Primärenergiebedarf} = q_\text{p} = \frac{\text{Primärenergie}}{\text{Nutzfläche}}$$

Beim untersuchten Gebäude beträgt der spezifische Jahres-Primärenergiebedarf **230,7 kWh/(m²a)**. Nach der EnEV wäre für dieses Gebäude mit einem A/V-Verhältnis von 1,05 ein maximaler Wert von **95,3 kWh/m²a** an Primärenergiebedarf zulässig.

Jahres-Primärenergiebedarf des Beispielgebäudes

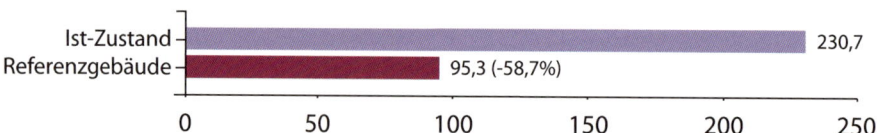

Der gesetzlich geforderte Wert für Neubauten (Referenzgebäude) liegt um 58,7 % niedriger. Der Wert des Referenzgebäudes ist das Maß für ein Energieeffizienzhaus und entspricht 100 %.

Tabelle A.3 und Abb. A.7 zeigen die Energiebilanz des untersuchten Objektes im Ist-Zustand.

Tabelle A.3: Energiebedarf im Beispielhaus

Bezeichnung	absoluter Wert [kWh/a]	bezogener Wert [kWh/(m²a)]
Primärenergiebedarf	50 195	230,7
Endenergiebedarf gesamt	19 306	88,7
Endenergiebedarf Wärmeenergie	17 152	78,8
Endenergiebedarf Hilfsenergie	2153	9,9

Anlagenaufwandzahl [-]	0,96
Jahres-Heizwärmebedarf [kWh/(m²a)]	226,6
Wärmebedarf Trinkwarmwasser [kWh/(m²a)]	12,5
Deckung des Wärmebedarfs für Heizung durch:	
Heizung [kWh/(m²a)]	224,2
Trinkwassererwärmung [kWh/(m²a)]	2,5
Lüftung [kWh/(m²a)]	0,0
Norm-Heizlast nach DIN V 4108-6 [kW]	37,6

Hinweis: Die Angabe der Norm-Heizlast ist nur eine ungefähre Abschätzung gemäß DIN V 4108-6 und kann eine genaue Berechnung der Heizlast nach DIN EN 12831 nicht ersetzen.

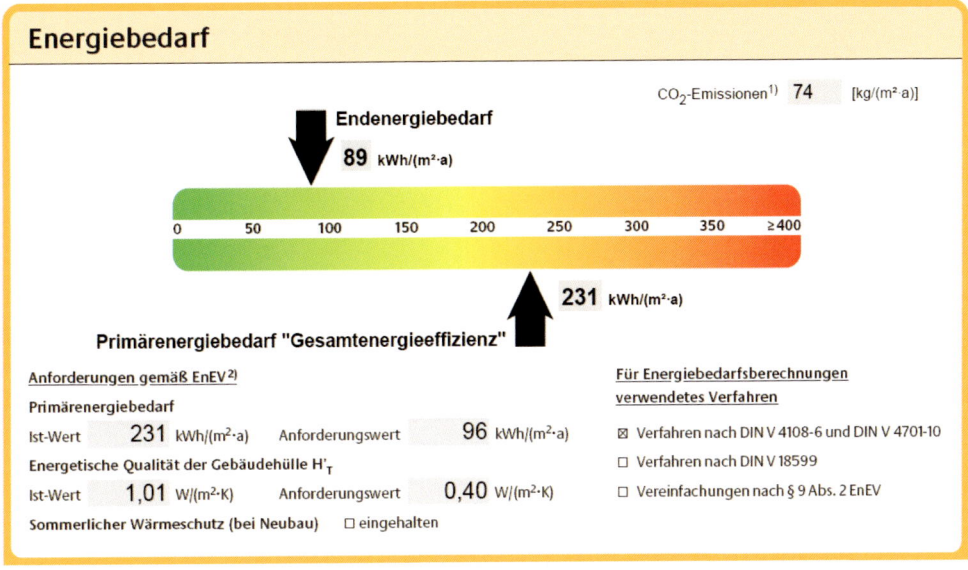

Abb. A.7: Energiebilanz im Ist-Zustand

Ergebnisse nach Energieträgern

Bezeichnung	Endenergie absolut [kWh/a]	Endenergie spez. [kWh/m²a]	Primärenergie absolut [kWh/a]	Primärenergie spez. [kWh/m²a]	f_P
Strom (Wärmeenergie)	17 152	78,8	44 596	204,9	2,40
Strom (Hilfsenergie)	2153	9,9	5 599	25,7	2,40

Der errechnete Endenergieverbrauch für Raumheizung und Trinkwassererwärmung beträgt witterungsbereinigt 17 152 kWh/a oder 78,8 kWh/(m²a) und liegt knapp unter dem mittleren Verbrauch (18 610 kWh) der letzten Jahre. *Die Energiebilanz ist also hinreichend genau.*

Berücksichtigt sind neben den Wärmeverlusten auch die Wärmegewinne durch Solarstrahlung und Abwärme.

A.5   Maßnahmenliste

Folgende Sanierungsmaßnahmen erscheinen sinnvoll bzw. sollen auf Wunsch des Auftraggebers untersucht werden.

Sofortmaßnahme: Schließen der Kaminöffnung

Durch die Kaminöffnung an der Westfassade gelangt die kalte Außenluft in den Wohnbereich. Die Öffnung soll in Eigenleistung geschlossen werden.

1. Maßnahme: Fassadendämmung

2. Maßnahme: Dachdämmung

3. Maßnahme: Dämmung der Kellerdecke zu unbeheizten Räumen

4. Maßnahme: Dämmung des Konvektorgrabens

A.6   Beschreibung und Beurteilung der untersuchten Maßnahmen

Entscheidend für eine Bewertung der Wirtschaftlichkeit der untersuchten Maßnahmen ist die Energiepreisentwicklung in den kommenden Jahren. Da die Zukunft nicht berechenbar ist, nehmen wir lediglich Bezug auf die konkret vorliegenden Preise für Strom und Pellets, wobei wir jeweils einen Mischpreis ermitteln. Es wird mit den aktuellen Preisen von 12,71 Cent/kWh für Elektronachtspeicherstrom und 4 Cent/kWh für Pellets gerechnet. Als Grundlage für die Investitionskosten werden die derzeit üblichen Materialkosten und Handwerkerpreise angenommen.

A.6.1   Fassadendämmung

Die Außenwände können mit 20 cm Vollwärmeschutz, geklebt oder gedübelt, versehen werden. Die Fenstersimse müssen dadurch erneuert werden. Neben der Energieeinsparung bietet die sogenannte Thermohaut einen sehr guten Schutz der tragenden Bausubstanz und einen erheblichen Gewinn an Wohnkomfort.

Der Wärmedurchgangskoeffizient der Außenwand verbessert sich von 0,68 auf 0,18 W/(m²a).

Fassadenfläche: ca. 150 m², davon 127 m² als thermische Gebäudehülle.

Kosten nur für die Wärmedämmung: ca. 90 Euro/m².

Damit könnten im Jahr ca. 7383 kWh eingespart werden.

Die Kosteneinsparung würde pro Jahr ca. 1425 Euro betragen.

Die Investitionskosten betragen ca. 20 000 Euro (VWS, Gerüst, neue Simse und neuer Putz).

Die Kapitalrückflusszeit beträgt ca. 14 Jahre.

Die Lebensdauer beträgt 50 Jahre.

Diese Maßnahme ist wirtschaftlich.

A.6.2 Dachdämmung

Das Dach ist mit 6 cm Polystyrol von außen gedämmt und hat einen U-Wert von 0,50 W/(m²K). Bei der Vor-Ort-Begehung wurde festgestellt, dass die Dämmschicht durch die Witterung angegriffen ist.

Auf das Dach kann eine neue Dämmschicht von 20 cm aufgebracht werden. Dadurch verbessert sich der Wärmedurchgangskoeffizient von 0,50 auf 0,18 W/(m²K).

Eine unzureichende Wärmedämmung eines Warmdaches macht sich im Sommer und im Winter bemerkbar. Im Sommer heizen sich die Räume unter dem Dach ungewöhnlich stark auf, während im Winter der auf dem Dach liegende Schnee sehr schnell abschmilzt.

An eine Dachdämmung werden hohe Anforderungen gestellt, sofern das Dach als Warmdach ausgebildet ist. So muss die Abdeckung absolut wasserdicht sein und über Jahre hin diese Fähigkeit behalten, die Dampfsperre darf keine Diffusion zulassen, das Dämmmaterial muss geeignet und in der erforderlichen Stärke angebracht werden und die Ausführung muss fachgerecht durchgeführt werden.

Dachfläche: ca. 200 m², davon 190 m² als thermische Gebäudehülle.

Kosten für die Sanierung: ca. 85 Euro/m².

Damit könnten im Jahr ca. 1524 kWh eingespart werden.

Die Kosteneinsparung pro Jahr würde ca. 294 Euro betragen.

Die Investitionskosten betragen ca. 17 000 Euro.

Die Kapitalrückflusszeit bei den heutigen Energiepreisen beträgt ca. 58 Jahre.

Die Lebensdauer beträgt 50 Jahre.

Diese Maßnahme ist rein rechnerisch unwirtschaftlich, sollte aber in den kommenden Jahren trotzdem durchgeführt werden, da die vorhandene Wärmedämmung ihre Funktion nicht mehr erfüllt.

A.6.3 Dämmung der Kellerdecke zu unbeheizten Räumen

Die Kellerdecke kann in den unbeheizten UG-Räumen (16 und 25 m²) gedämmt werden. Die Dämmung der Decke erfolgt an der Deckenunterseite, d. h. kellerseitig. Diese Maßnahme ist mit etwas handwerklichem Geschick sehr gut in Eigenleistung zu erbringen. Neben der Energieeinsparung bewirkt die Dämmmaßnahme höhere Oberflächentemperaturen auf der Rauminnenseite. Das bedeutet weniger Fußkälte und mehr Behaglichkeit. Als Nachteil ist das Versetzen der vorhandenen Beleuchtungseinrichtungen anzuführen. Die Außenwand ist am Deckenanschluss ebenfalls mit einem Streifen Dämmplatten zu versehen, damit die Wärmebrücke mit gedämmt wird. Als Dämmmaterial eignen sich fast alle Dämmstoffe. Hier stellt sich vielmehr die Frage, welche Anforderungen an die Deckengestaltung nach der Sanierung vorliegen.

Durch die Dämmung der Kellerdecke mit 10 cm Polystyrolplatte reduziert sich der Wärmedurchgangskoeffizient von 0,56 auf 0,216 W/(m²K).

Fläche: ca. 31 m², mittleren Kosten: ca. 30 Euro/m².

Damit könnten im Jahr ca. 283 kWh eingespart werden.

Die Kosteneinsparung pro Jahr würde ca. 55 Euro betragen.

Die Investitionskosten betragen ca. 930 Euro.

Die Kapitalrückflusszeit beträgt ca. 16,9 Jahre.

Die Lebensdauer beträgt 50 Jahre.

Diese Maßnahme ist wirtschaftlich.

A.6.4 Dämmung des Konvektorgrabens

Die Dämmung des Konvektorgrabens kann man sehr gut mit der Dämmung der Heizkörpernischen vergleichen, dabei wird der Konvektorschacht mit einem wärmedämmenden Verbundwerkstoff (Dämmung plus wärmereflektierender Folie) gedämmt. Am besten ist es, wenn die gesamte Nische auf der Außenseite mit 5 cm Dämmstoff versehen wird. Diese Maßnahme ist sehr gut in Eigenleistung zu erbringen.

Der Wärmedurchgangskoeffizient der Nischenwand verbessert sich durch die Dämmung von 2,3 auf 1,8 W/(m²K).

Konvektorschachtlänge: ca. 13 m, Kosten: ca. 40 Euro/m.

Damit könnten im Jahr ca. 246 kWh eingespart werden.

Die Kosteneinsparung pro Jahr würde ca. 47 Euro betragen.

Die Investitionskosten betragen ca. 520 Euro.

Die Kapitalrückflusszeit beträgt ca. 11,1 Jahre.

Die Lebensdauer beträgt 50 Jahre.

Diese Maßnahme ist wirtschaftlich.

A.6.5 Senkung des Energieverbrauchs durch die Maßnahmen

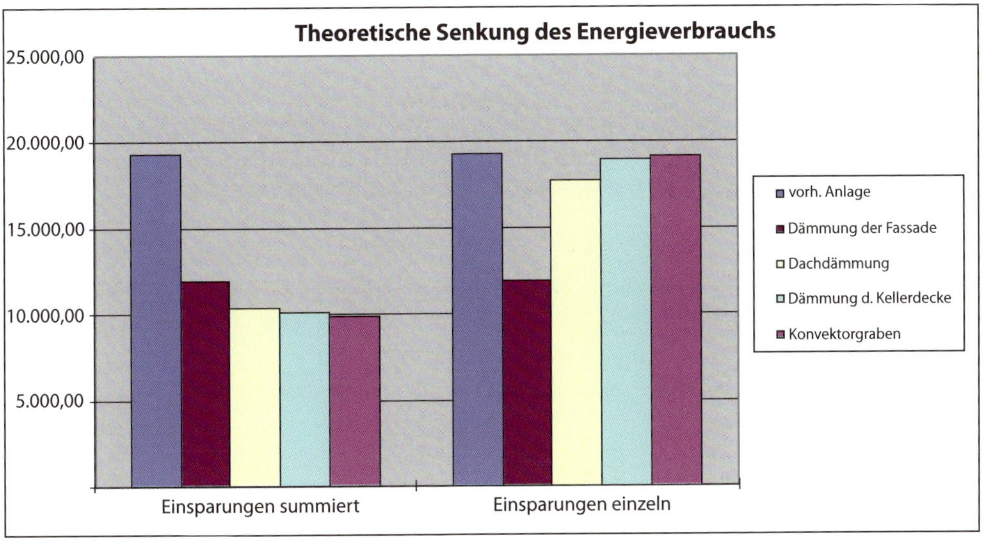

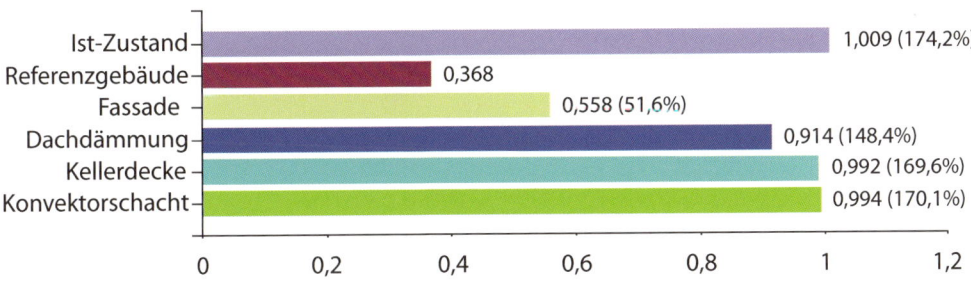

Abb. A.8: Senkung des Energieverbrauchs im Beispielgebäude

<u>Fazit:</u> Keine der Einzelmaßnahmen erfüllt nur annähernd die von der KfW-Bank gestellten Kriterien für ein KfW-Effizienzhaus (s. Abschn. 5.5), aus diesem Grund werden ökonomisch und ökologisch sinnvolle Maßnahmen zu Maßnahmenpaketen zusammengefasst und untersucht.

A.7 Ergebnisse

A.7.1 Senkung des Transmissionsverlustes durch die Maßnahmen

Abb. A.9: Senkung der Transmissionsverluste H'_T in W/(m²K)

A.7.2 Senkung des Primärenergiebedarfs durch die Maßnahmen

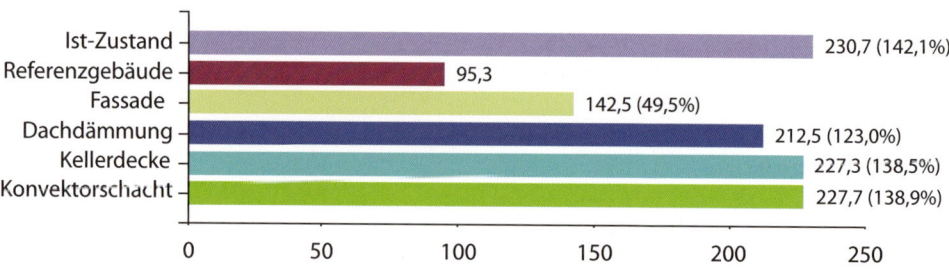

Abb. A.10: Senkung des spezifischen Primärenergiebedarfs in kWh/(m²a)

A.7.3 Senkung der CO₂-Emissionen durch die Maßnahmen

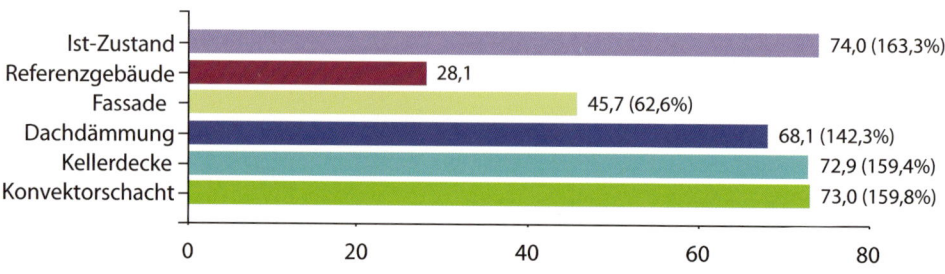

Abb. A.11: Senkung der spezifischen CO₂-Emissionen in kg/(m²a)

A.7.4 Maßnahmenkombinationen / Ergebnisse

Nachfolgend werden alle sinnvollen Maßnahmen zu einem Maßnahmenpaket zusammengefasst und mit dem entsprechenden Referenzgebäude verglichen.

Maßnahmenpaket 01 (Durchführung aller untersuchten Maßnahmen)

Einzelmaßnahmen	Investitions-kosten	Nutzungs-dauer	Energie-einsparung	Kapital-einsparung
	Euro	a	kWh/a	EUR/a
Dämmung der Fassade	20 000	50	7383	1425
Dachdämmung	17 000	50	1524	294
Dämmung der Kellerdecke	930	50	283	55
Dämmung des Konvektorgrabens	520	50	246	47
Maßnahmenpaket 01	**38 450**	**50**	**10 133**	**1950**

H'$_T$ [W/(m²K)]

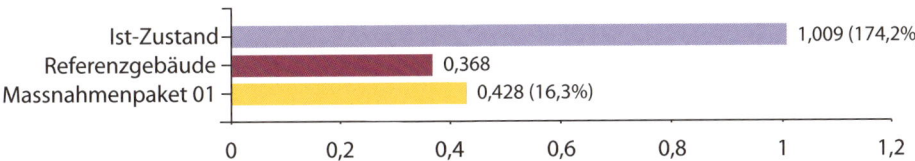

Spez. Primärenergiebedarf [kWh/(m²a)]

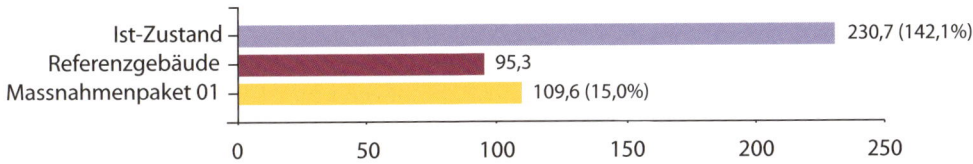

Energiekosten [Euro/a]

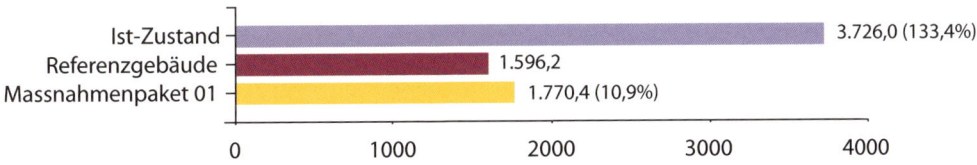

Endenergiebedarf [kWh/a]

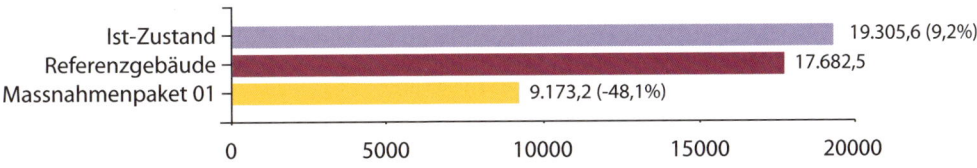

Die Zielwerte für ein KfW-Effizienzhaus

Vorgaben/Zielwerte	Q_p [kWh/(m²a)]	H'_T [W/(m²K)]	Tilgungs- zuschuss (Programm 151)	Zuschuss (Programm 430)
Referenzgebäude	95,30	0,368	--	--
KfW-Effizienzhaus 115	109,60	0,478	2,5 %	10,0 % max. 7500
KfW-Effizienzhaus 100	95,30	0,423	5,0 %	12,5 % max. 9375

Vorgaben/Zielwerte	Q_p [kWh/(m²a)]	H'_T [W/(m²K)]	Tilgungs-zuschuss (Programm 151)	Zuschuss (Programm 430)
KfW-Effizienzhaus 85	81,01	0,368	7,5 %	15,0 % max. 11 250
KfW-Effizienzhaus 70	76,72	0,313	10,0 %	20,0 % max. 15 000
KfW-Effizienzhaus 55	47,65	0,258	12,5 %	25,0 % max. 18 750

A.7.5 Wirtschaftlichkeitsbetrachtung

Aufgrund der Durchführung der untersuchten Maßnahmenkombination (s. Abschn. 5.4) kann der spez. Transmissionswärmeverlust H'_T auf einen Wert von 0,428 W/(m²K) und der spez. Primär-energiebedarf Q_p auf einen Wert von 109,6 kWh/(m²a) reduziert werden.

Maßnahmenpaket 01 erreicht den Effizienzhausstandard von **KfW-Effizienzhaus 115**.

Berechnung des KfW-Zuschusses

Tabelle A.4: Kapitalrückflussdauer

M-Pakete	Q_p [kWh/(m²a)]	H_T [W/(m²K)]	Tilgungs-zuschuss (151)	Errechneter Zuschuss (430)	Amortisations-dauer ohne Kredit
Maßnahmenpaket 01 KfW-Effizienzhaus 115	109,6	0,428	2,5 % 961 Euro	10 % 3.845 Euro	19,7 Jahre

(Zusätzlich sind an dieser Stelle lt. Neufassung der BAFA-Richtlinie die energiebedingten Mehr-kosten darzustellen, einschließlich einer Erklärung des Unterschieds zu den Vollkosten.)

A.7.6 Abgasemission

Abb. A.12 zeigt die Emissionswerte für die untersuchten Maßnahmen.

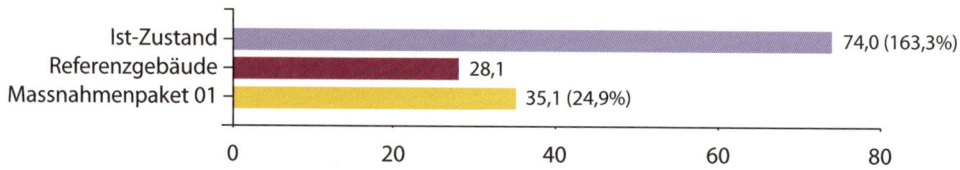

Abb. A.12: Spezifische CO_2-Emissionswerte

A.7.7 Installation einer Photovoltaikanlage auf dem Dach

Auf der Südseite des Daches lässt sich eine Photovoltaikanlage mit einer Leistung von 3 kWp installieren. Diese Anlage kann ca. 2500 bis 2850 kWh Solarstrom pro Jahr erzeugen, das sind ca.

50 % eines Standardhaushaltes mit drei Personen. Der Überschuss an Solarstrom wird für eine Vergütung von 14,27 Cent/kWh (zum Zeitpunkt des Entstehens dieses Gutachtens) ins öffentliche Netz eingespeist. Eine Anlage mit 3 kWp kostet zwischen 5000 und 6000 EUR.

Es besteht auch die Möglichkeit, ein staatliches Darlehen mit einem Zinssatz unter 3 % für diese Investition aufzunehmen.

Damit könnten im Jahr ca. 1800 kWh eingespart werden (globale CO_2-Einsparung 18,9 kg/m²a).

Jahresgewinn durch die Erzeugung ca. 630 Euro.

Die Investitionskosten betragen ca. 6000 Euro.

Die Kapitalrückflusszeit beträgt ca. 9,5 Jahre.

Die Lebensdauer beträgt 20 Jahre.

Diese Maßnahme ist wirtschaftlich.

A.8 Zusammenfassung und Empfehlungen

Das Wohnhaus aus dem Jahr 1965 ist im Vergleich zum heutigen Baustandard nicht ausreichend gedämmt. Der Beratungsbericht zeigt, dass ein großes Energieeinsparpotenzial vorhanden ist. Die im Bericht vorgeschlagenen Dämmstärken sollten auf keinen Fall unterschritten werden. Eine nachträgliche Vergrößerung der Dämmstärken steht in keinem Verhältnis zu den geringen Mehrkosten einer gut dimensionierten Dämmung. Jede Verbesserung des Wärmeschutzes erhöht auch den Wohnkomfort und die Lebensdauer des Bauwerkes. Durch die Dämmmaßnahmen erhöhen sich die inneren Wandoberflächentemperaturen, was als angenehm empfunden wird. Die Gefahr der Tauwasserbildung und damit der Schimmelpilzbildung wird verringert. Die Ergebnisse der Untersuchung zeigen, dass die größte Energieeinsparung durch die Dämmung der Fassade erzielt werden kann. Die Maßnahmen wie Dachdämmung, Dämmung der Kellerdecke und Dämmung des Konvektorgrabens bringen erhebliche Energieeinsparungen mit sich und sind noch wirtschaftlich zu realisieren.

Empfehlung:

Durchführung aller untersuchten Dämmmaßnahmen.

„Für Ihr Gebäude wurde das Energiegutachten nach den Richtlinien des Bundesamtes für Wirtschaft und Ausführkontrolle (BAFA) durchgeführt. Auf der Grundlage der Ortsbegehung und den zur Verfügung gestellten Unterlagen wurde eine computergestützte Energiediagnose erstellt. Es wurden die Energieverluste der einzelnen Bauteile und der Heizungsanlage berechnet.

Zunächst wurde der Ist-Zustand ermittelt und Schwachstellen oder Bauschäden festgehalten. Aufgrund der Analyse werden Ihnen Maßnahmen zur Sanierung vorgeschlagen. Die Effektivität der Maßnahmen wird anhand der voraussichtlichen Energieeinsparung und Schadstoffbelastung beurteilt. Bei dieser Energiediagnose wurden die Grundlagen der Wärmeschutzverordnung, EnEV und DIN 4701-10 sowie die VDI-Richtlinien 2067 und 3808 berücksichtigt. Die Einflüsse des Nutzerverhaltens wurden bei diesem Verfahren so gut wie möglich berücksichtigt.

Diese Berechnung ermöglicht eine Beurteilung der reinen Bausubstanz sowie der Anlagentechnik. Da in den meisten Fällen von einem „Normnutzerverhalten" und von „Mittleren Klimadaten" ausgegangen wird, lässt der Vergleich des theoretisch berechneten Energiebedarfs und des tatsächlichen Energieverbrauchs unter Umständen Rückschlüsse auf das eigene Nutzerverhalten zu. Dieses Energiegutachten soll Ihnen helfen, wirtschaftlich sinnvolle und umweltentlastende Maßnahmen zur Energieeinsparung in Ihrem Hause durchzuführen. Bitte beachten Sie hierbei, dass die im Bericht genannten Einsparungen Richtwerte darstellen und von den tatsächlichen Verhältnissen abweichen können.

Dieses Energiegutachten haben wir sorgfältig und gewissenhaft nach dem derzeitigen Erkenntnisstand von Wissenschaft und Praxis durchgeführt. Es begründet kein vertragliches Rechtsverhältnis und keine Nebenverpflichtungen. Sämtliche Angaben, Empfehlungen oder sonstigen Informationen in diesem Bericht und sämtliche zur Verfügung gestellten Berechnungen basieren auf derzeitigen Kenntnissen und Erfahrungen."

Ergänzend sind in die Empfehlung aufzunehmen:

- der Hinweis auf Fördermittel des Bundes unter Bezeichnung des jeweiligen Förderprogramms,
- der Hinweis auf die Notwendigkeit eines Lüftungskonzepts sowie
- der Hinweis auf die Vorteile einer Baubegleitung.

Stichwortverzeichnis

A

Abschlussgespräch 66, 68
Altanlage 56
Amortisationszeiten 21
Anlagenaufwandszahl ep 31
Anlagenbewertung 31
Anlagenverluste 33
Ausführungspläne 22, 39
Außenhülle 99
Außenwände 96
Auszahlung 20

B

BAFA 19
Batteriespeicher 34
Baubeschreibung 43
Baugesuchspläne 22, 39
Bedarfsausweis 11
bedarfsorientierter Energieausweis 11
Berater 18, 19
Beratervertrag 22
Beratungsbericht 19, 63, 66
Beratungsgespräch 66, 68
Berechnungsgrundlage 106
Bewilligungsbehörde 19
Bewilligungszeitraum 20
Bilanzgrenze 22
Bilanzvolumen 27
Blockheizkraftwerk 35
Bohrmehl 22
Brauchwassererwärmung 98
Brennstoffkosten 99
Brennstoffmenge 99
Brennstoffverbräuche 104
Brennwert 97
Brennwertgeräte 97
Brennwertkessel 95, 99

C

CO2-Abgabe 61
CO2-Einsparung 21
CO2-Emissionskennwert 108

D

Dach 23, 96
Dachboden 23
Dachdämmung 23, 113
Dachüberstand 23
Dämmschicht 96
Dampfsperre 23, 113
Darlehen 119

DIN 4108 23, 26
DIN 4701-10 21, 25, 29

E

Einfachverglasung 97
Elektroheizung 99
Emissionsfaktoren 107
Emissionskennwert 99, 109
Emissionswerte 118
Endenergiebedarf 99
Endenergieverbrauch 45, 65, 112
Energieausweis 11
    bedarfsorientiert 11
    verbrauchsorientiert 11
Energieberatung 11
Energieberatungsprogramm 25
Energiebilanz 21, 44, 110
Energiecheck 15
Energiediagnose 98
Energieeinsparung 21
Energiekennwert 109
Energiekennzahl 109
Energiepass 11, 21
Energiepreisentwicklung 112
Energiepreissteigerung 55
EnergieSparCheck 15
Energiesparmaßnahmen 96, 99
Erdgas 60
Ergebnisbereinigung 33
Erneuerbare-Energien-Gesetz 61
Errichterbescheinigung 92

F

Fassadendämmung 112
Fenster 23, 97, 106
Fensterlüftung 102
Finanzierung 21
Flachkollektoren 98
Flüssiggas 60
förderfähig 17
Förderung 92
Freewaretools 25, 33

G

Gas-Wandgeräte 98
Gebäudeaufnahme 21
Gebäudedaten 63
Gebäudeenergieausweis 17
Gebäudeenergiekennzahl 99, 109
Gebäudehülle 102
Gebäude- und Energieausweis 11

Gebäudevolumen 64
Gesamtenergiedurchlassgrad 28
Gesamtwärmebedarf 98
Global Warming Potential 58
GWP 58

H
Haftpflichtversicherung 18
Heizenergieverbrauch 96
Heizkessel 65
Heizkesselsanierung 34
Heizkörpernischen 114
Heizöl 60, 98
Heizwärmebedarf 11, 64, 98, 109
Hilfsenergie 29
Holz 60
Holz-Ständerwand 26

I
Individueller Sanierungsfahrplan 67, 71
Instandsetzung 55
Investitionskosten 99
iSFP 67, 71
Ist-Energiebilanz 25

J
Jahres-Gradtagszahl 11, 33
Jahres-Heizwärmebedarf 33
Jahresnutzungsgrad 95
Jahres-Primärenergiebedarf 33, 110

K
Kapitalrückfluss 118
Kapitalrückflussdauer 55
Kellerdecke 23, 97, 114
Kellerfenster 23
Kellerräume 97
Kesselaustausch 34
KfW-Effizienzhaus 93, 115, 117
KfW-Effizienzhausstandard 35
KfW-Programme 92
KfW-Zuschuss 118
Klimabedingungen 99
Klimaschutzziele 58
Kohlendioxidemissionen 59
Kollektorfläche 98
Konvektorgraben 114
Kosteneinsparung 21
Kreditvariante 92
k-Wert 23

L
Lebensdauer 96
Lüftungsfaktor 33
Lüftungswärmeverlust 28

M
Marktanreizgesetz 61
Marktanreizprogramm 89
Maßnahmenpakete 21, 50
Mindestanforderungen 19
Modernisierungsziele 21

N
Nachrüstpflichten 65
Niedertemperaturkessel 97
Norm-Heizlast 111
Normwerte 99
Nutzfläche 102
Nutzwärme 109
Nutzwärmebedarf 99

O
Ortstermin 21, 22

P
Periodenbilanzverfahren 102
Photovoltaikanlage 34, 118
Preissteigerung 55
Primärenergie 110
Primärenergieaufwand 110
Primärenergieverbrauch 95

R
Raumheizung 95, 112
Raumoberflächen 106
Rechenprogramme 25
Referenzgebäude 35
Reihenhäuser 107

S
Sanierungsmaßnahmen 21, 49, 112
Sanierungsvorschlag 21
Schadstoffwerte 97
Schornsteinfegerprotokoll 65
Softwareprogramme 25
Solaranlage 34
Solarenergie 98
Solarstrom 119
Sparrendach 26
Sparrenstärke 23
Stromverbrauch 110

T
Tilgungszuschuss 94
Transmissionsverluste 99
Transmissionswärmeverlust 27, 107
Treibhauseffekt 59
Treibhausgase 58
Trennflächen 107
Trinkwassererwärmung 112

U

Umweltbilanzierung 61
U-Wert 23, 105
U-Wert-Berechnung 26

V

Vakuumröhrenkollektoren 98
VDI-Richtlinie 2067 55
Verbraucherverhalten 99
Verbrauchsausweis 11
Verbrauchsbereinigung 35
verbrauchsorientierter Energieausweis 11
Verluststöme 44
Vertragsmuster 22
Verwendungsnachweisunterlagen 20
Verwendungsnachweisverfahren 20
Volumen 102
Vor-Ort-Beratung 17

W

Warmdach 113
Wärmebilanz 28
Wärmebrücken 96, 102
Wärmebrückenzuschlag 27
Wärmedämmung 96
Wärmedurchgangskoeffizienten 105
Wärmegewinne 28, 99, 112

Wärmepumpen 98
Wärmeschutzmaßnahmen 95
Wärmeschutzverglasung 97
Wärmestrom 105
Wärmeverluste 49, 112
Warmwasserbedarf 98
Warmwasserversorgung 65
Wartung 55
Wertsteigerungen 66
Winddichtigkeitsfolie 23
Wirkungsgrad 99
Wirtschaftlichkeitsberechnung 55, 99
Wirtschaftlichkeitsbetrachtung 118
witterungsbereinigt 49
Witterungsregionen 33
Witterungsschwankungen 11
Wohnungseigentümer 17

Z

Zins 55
Zugerscheinungen 97
Zulassung 18
Zusatzqualifikation 18
Zuschuss 15, 19
Zuschussvariante 92
Zuwendungsbescheid 20
Zuwendungsempfänger 18